Bericht

über

die am 9., 10. und 11. Februar 1893 in Berlin vorgenommenen

Prüfungen

feuersicherer Baukonstruktionen.

———

Im Auftrage des Preisgerichts bearbeitet

von

Stude, und **Reichel,**
Branddirektor. Brandinspektor.

———

Mit 13 Tafeln.

———

Springer-Verlag Berlin Heidelberg GmbH 1893

Additional material to this book can be downloaded from http://extras.springer.com

ISBN 978-3-662-39167-9   ISBN 978-3-662-40162-0 (eBook)
DOI 10.1007/978-3-662-40162-0

Inhalt.

I. Einleitung.

Von dem Verbande Deutscher Privat=Feuer=Versicherungs=Gesellschaften wurde dem Vorstande der „Deutschen Allgemeinen Ausstellung für Unfallverhütung in Berlin im Jahre 1889" ein Betrag von 10 000 M. zur Verfügung gestellt, um denselben nach näherer Vereinbarung zu Prämien für hervorragende Leistungen auf dem Gebiete des Schutzes gegen Feuersgefahr zu verwenden.

Demzufolge erließ der Vorstand der genannten Ausstellung unter dem 1. April 1889 ein Preisausschreiben, nach welchem mit Prämien ausgezeichnet werden sollten:

A. Apparate und Einrichtungen, welche die Entstehung eines Brandes zu verhüten bestimmt sind: 1—5 2c.

B. Einrichtungen und Konstruktionen, welche geeignet sind, einen entstehenden Brand einzuschränken: 6—9 2c. Vergl. unter III. die Preisvertheilung, Seite 40.

C. Apparate, welche zum Löschen eines Brandes dienen: 10 2c.

Zur Prüfung der einzelnen Gruppen des Preisausschreibens wurden Sub= Kommissionen gebildet, den Vorsitz des Preisgerichts übernahm Branddirektor Stude, Berlin.

Im ganzen waren 160 Anmeldungen eingegangen, von denen 17 auf Gruppe B, 6—9 des Preisausschreibens entfielen. Während nun die angemeldeten Objekte zu A und C noch während der Dauer der Ausstellung geprüft bezw. prämiirt werden konnten, mußte die Prüfung der zu B angemeldeten feuersicheren Decken=, Treppen=, Thür= 2c. Konstruktionen vorläufig noch verschoben werden, weil in der Sitzung des Preisgerichts vom 31. Mai 1889 einstimmig beschlossen worden war:

„Eine Prüfung dieser Konstruktionen möglichst dadurch der Wirklichkeit entsprechend zu gestalten, daß die als feuersicher angemeldeten Decken, Fußböden, Treppen, Thüren 2c. in ein bereits stehendes, zum Abbruch bestimmtes Gebäude eingebaut würden."

Die Unterhandlungen zur Erreichung dieses Zieles, welche unausgesetzt geführt wurden, zerschlugen sich leider immer wieder aus den verschiedensten, hier nicht weiter zu erörternden Gründen, selbst wenn sie, wie in einzelnen Fällen, schon dem Abschlusse nahe waren. Die Hoffnung auf die Erwerbung eines zu den Versuchen geeigneten Gebäudes war nach den gemachten Erfahrungen schon sehr gering geworden, als im Juni 1892 die hiesigen städtischen Behörden in Erfüllung einer bezüglichen Bitte ein zum Abbruch bestimmtes, sehr günstig gelegenes Gebäude auf dem Grundstücke Köpenickerstr. 3/5 zu dem vorgedachten Zwecke unentgeltlich zur Verfügung stellten. Das fragliche Gebäude sollte am 1. Oktober 1892 von den bisherigen Miethern geräumt sein, und von da ab zur völlig freien Verfügung der Berliner Feuerwehr stehen. Hier sei deshalb den städtischen Behörden und besonders auch dem Herrn Stadtverordneten Namslau der Dank für das überaus bereitwillige Eingehen auf die gestellte Bitte ausgesprochen. An maßgebender Stelle war die Zweckmäßigkeit und Wichtigkeit einer umfangreichen Prüfung in der beabsichtigten Weise sofort erkannt worden.

Die Bewerber, welche sich im Jahre 1889 auf das bezügliche Preisausschreiben hin gemeldet hatten, und mit welchen in der Zwischenzeit möglichst Verbindung gehalten worden war, wurden von der günstigen Wendung der Angelegenheit sofort benachrichtigt und zu einer gemeinsamen Besichtigung jenes Gebäudes bezw. zur Vertheilung der einzelnen Räume in demselben eingeladen. Von den 17 damaligen Bewerbern folgten dieser Einladung jedoch nur noch 8, welche Zahl sich sogar im Laufe der weiteren Unterhandlungen bis auf 5 verringerte. Zu diesen 5 Bewerbern gesellten sich noch nach und nach 13 Firmen, welche theils um eine Prüfung ihrer Konstruktionen gebeten, theils eine direkte Aufforderung zur Betheiligung an den Brennproben erhalten hatten. Die baulichen Arbeiten wurden Seitens der Bewerber noch im Oktober 1892 energisch in Angriff genommen und derart gefördert, daß der Termin zur Abhaltung der Brenn= proben definitiv auf den 9. Februar 1893 festgesetzt werden konnte. Seitens der Feuer= wehr hatte Brandinspektor Reichel die spezielle Leitung auf dem Bauplatze. Die Dauer der Brennproben ließ sich vorher nicht genau bestimmen; für dieselben waren 3 bis 4 Tage in Aussicht genommen.

Die Einladungen zur Theilnahme an diesen Brennproben mußten sich, mit Rück= sicht auf die sehr engen räumlichen Verhältnisse des Versuchsgebäudes, lediglich be= schränken auf die hierbei am meisten interessirten, am Ort befindlichen staatlichen und städtischen Behörden, die Feuerversicherungs=Gesellschaften, deren Verband im allgemeinen öffentlichen Interesse die Mittel für die Brennproben bewilligt, die technischen Vereine Berlins und die Berufsfeuerwehren bezw. die Feuerlöschinspektoren der Provinzen, so= weit dieselben mit der Berliner Feuerwehr in näherer Beziehung stehen. Trotz mög= lichster Einschränkung mußten zweihundert Karten ausgegeben werden. Für die Brenn= proben hatten in entgegenkommendster Weise die Königl. mechanisch=technische Versuchs= anstalt in Charlottenburg die nothwendigen Schmelzproben und die Firma Carl Beer= mann, Maschinenfabrik, die erforderlichen Eisenbarren zu Belastungszwecken zur Ver= fügung gestellt, wofür hier noch besonders gedankt wird.

Aus dem für die Brennproben aufgestellten Programm sind, zum besseren Ver= ständniß bezüglich des Verlaufes derselben, hier die nachstehenden Punkte hervorzuheben:

1. Am 9. Februar 1893 morgens 8 Uhr Versammlung in dem Saale des Restaurants von Schweitzberger, Köpenickerstraße 3/5.

2. Bericht des Branddirektors Stude über den Zweck und die beabsichtigte Zeitfolge ꝛc. der Brennproben.

3. Gemeinsame Besichtigung der Versuchsobjekte (hierzu waren in den einzelnen Räumen Officiere der Feuerwehr vertheilt, um die etwa noch erforderlichen Erklärungen zu geben).

4. Vornahme der Brennprobe der Objekte der ersten Gruppe. — Vergl. Seite 6.

5. Nach erfolgter Aufräumung der Brandstelle Besichtigung der geprüften Konstruktionen durch das Preisgericht.

6. Bericht des Branddirektors Stude im Saale von Schweitzberger über den Befund der geprüften Konstruktionen.

7. Anschließend hieran ev. kurze Erläuterungen der Bewerber bezüglich ihrer soeben geprüften Konstruktionen.

8. Vornahme der Brennprobe der Objekte der zweiten Gruppe

u. s. f. wie unter 5 bis 8 bereits angegeben.

In dem großen Saale des Versammlungslokals waren Zeichnungen, Modelle und Materialproben der eingebauten Konstruktionen ausgestellt.

In Ausführung dieses Programms begrüßte Branddirektor Stude zunächst die sehr zahlreich erschienenen Herren, dankte denselben für das hierdurch bewiesene Interesse an der Sache und sprach sodann den Dank aus Allen, welche an dem Zustandekommen der Brennproben mitgeholfen haben. Nach einer kurzen Schilderung der Eingangs bereits dargestellten Entwickelungsgeschichte dieser Brennproben führte Redner sodann etwa Folgendes aus:

Die Brennproben sollen nicht Reklamezwecken dienen, sondern sie sind veranstaltet, um weiteren Kreisen die neueren Erzeugnisse und Konstruktionen für den Hochbau hinsichtlich ihres Verhaltens im Feuer, und zwar bei einem der Wirklichkeit möglichst entsprechenden Brande, bekannt zu machen. Es ist gewiß für alle Betheiligten von Werth, für die Beurtheilung der Stoffe und Konstruktionen in dieser Richtung eine gewisse Grundlage durch den eigenen Augenschein oder mindestens durch sachgemäße Darstellung nach sorgfältiger Prüfung zu erhalten.

Bei Erlaß von einschlägigen Gesetzen und Verordnungen ist man ja bemüht, möglichst nur den zu erreichenden Zweck bestimmt festzustellen und vermeidet thunlichst, die dazu führenden Mittel zu eng zu begrenzen. Damit wird der Entwickelung der Industrie, dem Erdenken neuer Formen und Konstruktionen der nöthige Spielraum gelassen, und wenn sich dann die Ueberzeugung befestigt, daß das Neue zur Erreichung des Zweckes dient, so ist ein Fortschreiten möglich, ohne daß die Gesetze ꝛc. jedesmal geändert werden müssen.

Allerdings ist auch nach derartigen Proben noch stets dem Neuen gegenüber Vorsicht geboten, besonders in den Fällen, wo es sich nicht um einfache, sicher erkennbare Stoffe, sondern um Zusammensetzungen und besonders um Fabrikationsgeheimnisse handelt. Im letzteren Falle verschlechtern sich erfahrungsgemäß die Fabrikate sehr häufig schon kurze Zeit nach der Einführung, selbst wenn dieselben Anfangs allen Anforderungen zu genügen schienen.

Das Preisgericht bemüht sich deshalb, nach Möglichkeit die verwendeten Materialien und Konstruktionen zu erkennen und festzustellen und theilt, soweit dies möglich ist, in seiner Veröffentlichung das Erforderliche mit.

Es muß hier aber besonders betont werden, daß durch feuersichere Stoffe und Konstruktionen niemals eine absolute Feuersicherheit erreicht werden kann; dieselben können nur bewirken, daß ein entstandenes Feuer sich nicht schnell verbreitet, ein schon entwickeltes Feuer leichter in gewissen Grenzen gehalten werden kann, bis die Löschhilfe in Thätigkeit tritt. Der brennbare Inhalt bildet aber stets die größte Gefahr und bis zu welchem Umfange sich dieselbe steigern kann, wird bei den Brennproben ersichtlich werden, da die Ausstattung der Räume möglichst wirklichen Verhältnissen entspricht.

Durch feuersicheres Bauen wird aber dem Eigenthümer des vom Feuer bedrohten Besitzes, seinem Nachbar und, als dessen Vertreter im weiteren Sinne, der Feuer-Versicherungs-Institution ein Schutzmittel gegen größere Verluste geboten und es werden die Ausgaben für das Feuerlöschwesen in gewissen Grenzen gehalten Das private und öffentliche Interesse ist also für Fortschritte auf dem Gebiete des feuersicheren Bauens in hohem Maße betheiligt.

Soweit der Zweck der Feuersicherheit darin besteht, Menschenleben zu schützen, müssen an Stoffe und Konstruktionen die höchsten Anforderungen gestellt werden und die Frage zweckentsprechender Decken und Fußböden, Thüren und Treppen ist deshalb von besonderer Wichtigkeit. Dabei soll, wenn es auch nicht direkt mit den Brennproben zusammenhängt, hier doch noch ausdrücklich darauf hingewiesen werden, daß bei einem entstandenen Feuer der Rauch und Qualm der schlimmste Feind der Menschen ist, daß deshalb unter Feuersicherheit in dieser Richtung stets Rauchsicherheit mit inbegriffen sein muß und daß im Interesse der Sicherheit von Menschen die Anlage zweier, von einander getrennter, von allen Theilen des Gebäudes erreichbarer Treppen der beste Schutz ist.

Hinsichtlich des Schutzes des Eigenthums werden im Allgemeinen, soweit der Nachbar nicht gefährdet wird, die Einrichtungen innerhalb gewisser Grenzen nach dem Gesichtspunkt getroffen werden können, daß Mittel und Zweck im Einklang bleiben. Das eigene Interesse des Besitzers wird ihn veranlassen, gewisse Einrichtungen auch schon ohne äußeren Zwang zu treffen und auf dieses eigene Interesse wird er auch hingewiesen, wenn er sein Hab und Gut gegen Feuersgefahr versichern will.

Von diesem Standpunkte aus sind diese Brennproben eingeleitet worden und es ist zu hoffen, daß dieselben dazu dienen werden, gewisse Ueberzeugungen zu befestigen oder zu zerstören, jedenfalls aber für die nächste Zeit einen Anhalt zur Beurtheilung von Feuersicherheit einzelner Stoffe und Konstruktionen zu schaffen.

———

Nach erfolgter Besichtigung der Versuchsobjekte begannen sodann die Proben in der in Folgendem geschilderten Weise.

Berlin, 10. März 1893.

II. Die Brennproben.

Zur Vermeidung von Wiederholungen sei hier Folgendes vorausgeschickt:

Mit dem Einbauen der als feuersicher angemeldeten Konstruktionen wurde bereits im Oktober v. J. begonnen. Trotz der vielfachen Verzögerungen infolge des gleichzeitigen Bauens in mehreren Stockwerken und des wiederholt eintretenden starken Frostwetters wurden diese Arbeiten doch derart gefördert, daß bereits am 9. Januar 1893 ein Feuerwehr-Kommando, bestehend aus 1 Oberfeuermann und 10 Feuermännern, mit dem Einbringen der Brennmaterialien in das Gebäude beginnen konnte. Wo irgend angängig, wurden die einzelnen Räume, den Verhältnissen der Wirklichkeit entsprechend, als Tischlereien, Leistenfabriken, Droguen- bezw. Petroleumlager, ferner als Wohnräume ꝛc. hergerichtet. In einzelnen Räumen waren jedoch nur Holzstapel untergebracht worden. Um das Feuer schneller in Gang zu bringen, wurde das Brennmaterial jedesmal kurz vor dem Anstecken des betreffenden Raumes mit Petroleum getränkt.

Zur Feststellung der Temperaturen, sowohl in den Räumen als auch unter den Fußböden, den Ummantelungen der Eisenkonstruktionen ꝛc. wurden nachstehende Schmelzproben angebracht:

1. Cadmium mit dem Schmelzpunkt 315° C.
2. Zink   =   =   =   412° =
3. Aluminium =   =   =   620° =
4. 800 Th. Silber, 200 Th. Kupfer   850° =
5. Feinsilber   954° =
6. 400 Th. Silber, 600 Th. Gold   1020° =
7. 800   =   = , 200   =   Platin 1190° =
8. 400   =   = , 600   =   =   1460° =

Sämmtliche Proben waren mit der oben aufgeführten zugehörigen Nummer mittels Kaltstempels bezeichnet, einzeln in Asbestpapier eingewickelt und dann der Reihe nach in Thonscherben verpackt. Die Scherben waren dann mehrfach mit Asbestpapier und schließlich mit weichem Eisendraht umwickelt.

Außer diesen Schmelzproben, welche von der Königl. mechanisch-technischen Versuchs-Anstalt in Charlottenburg zur Verfügung gestellt worden waren, wurden noch anderweitige Metalllegirungen mit den Schmelzpunkten 151, 250, 325 und 400° C., sowie die Seger'schen Schmelzkegel, zu beziehen aus dem chemischen Laboratorium für Thonindustrie, Professor Dr. H. Seger und E. Cramer, Berlin N.W., Kruppstraße 6, mit den Schmelztemperaturen von 960 bis 1410° C. verwendet.

Allgemein sei hier bemerkt, daß die Messungen in den verschiedenen Räumen eine wahrscheinliche Temperatur von 1000 bis 1300° C. ergeben haben, während die Temperaturen unter den Fußböden (Xylolith, Cementbeton, Gipsestrich ꝛc.), sowie zwischen den eisernen Säulen bezw. Trägern und deren Ummantelungen in allen Fällen unter 315° C. geblieben sind. Erheblichere Abweichungen von den vorstehend angegebenen Temperaturen sind im Folgenden jedesmal besonders angegeben.

Die Belastung der Eisenkonstruktionen während des Brandes konnte mit Rücksicht auf den baulichen Zustand des schon alten Gebäudes nur durch Einzellasten erfolgen, welche je nach den zur Verwendung gelangten Trägern 2c. in der Mitte einzelner derselben aufgebracht wurden. Diese Lasten setzten sich zusammen aus Eisenbarren zu je 50 kg Gewicht, welche von der Maschinenfabrik von Carl Beermann zur Verfügung gestellt worden waren.

Die Fußböden, Deckenkonstruktionen 2c. wurden während des Brandes auf ihre Widerstandsfähigkeit gegen heftige Stöße in der Weise geprüft, daß Eisenbarren im Gewicht von je 50 kg auf Bamelagen oder Holzstöße gelagert bezw. durch Steifen in der Schwebe gehalten wurden. Nach erfolgtem Durchbrennen des Holzes stürzten dann die Gewichte auf die Fußböden 2c. herab.

Das Inbrandsetzen geschah nun in folgenden Abtheilungen: — vgl. Tafel 1.

Am 9. Februar 1893

11²⁰ V. der Raum A. Um die darunterliegenden Räume zu schützen, wurde die Treppenöffnung vom Dachgeschoß nach dem 2. Stockwerk mit Brettern und Eisenblechen abgedeckt. Sodann folgte um

12⁰⁰ Uhr die Bodenräume B und um

5⁰⁰ N. die Bodenkammer C mit dem gesammten Dachstuhl.

Am 10. Februar 1893

10⁴³ V. die Tischlereien in den Räumen D, sodann um

11⁰⁰ V. die Wohnräume E, F und das Petroleumlager G, um

1⁰⁰ N. das Petroleumlager H und die Geräthekammer J, und um

3⁴³ N. die Tischlereien in den Räumen K, L und den Leistenfabriken M, O.

Am 11. Februar 1893

12¹⁰ N. das Treppenhaus P, um

1⁵ N. das Droguenlager Q und um

1²⁵ N. die Lagerräume für fertige Leisten 2c. R, S, N und T.

Das Ablöschen der in Brand gesetzten Räume geschah wie im Ernstfalle und zwar unter Verwendung zweier Rohre von der Wasserleitung und eines Rohres von der Dampfspritze. Einmal mußte zur Bewältigung des Feuers in dem Bodenraum B ein Rauchhelm zur Anwendung gelangen. (Ein im Erdgeschoß vorgenommener Feuerschutz-Anzug sollte lediglich einigen Anwesenden gezeigt werden.)

Die nach dem Brande vorgenommenen Belastungsproben der Deckenkonstruktionen, Treppen 2c. erfolgten unter Leitung der Bau-Abtheilung des Königlichen Polizei-Präsidiums.

Sowohl während des Brandes, als auch nachher sind von dem Photographen O. Kemnitz, Berlin SO, Michaelkirchstraße 19, eine Reihe von Aufnahmen gemacht worden, von welchen einige auf den Tafeln 5—13 mittels Lichtdruck in verkleinertem Maßstabe wiedergegeben sind. Herr Kemnitz ist gern bereit, auf Wunsch eine Probe-Kollektion dieser Aufnahmen zur Ansicht zu übersenden.

In den beigegebenen Grundrissen und Details sind die einzelnen Konstruktionen mit denselben Ziffern und Buchstaben 1a, 1b 2c. bezeichnet, wie solche nachstehend in der Beschreibung 2c. angegeben sind.

Sodann muß noch darauf hingewiesen werden, daß der vorliegende Bericht in erster Linie nur für diejenigen verfaßt worden ist, welche den Brennproben persönlich beigewohnt haben und in Folge dessen mit den örtlichen Verhältnissen, den Eigenthümlichkeiten verschiedener Konstruktionen 2c. aus eigener Anschauung so vertraut geworden sind, daß weitschweifige Erörterungen gespart und der Bericht in knappen Formen gehalten werden konnte. Trotzdem wird es aber auch denjenigen, welche diesen Brennproben nicht beigewohnt haben, an der Hand der Zeichnungen nicht schwer fallen, sich zu orientiren und sich ein eigenes Urtheil zu bilden. Schließlich wird noch besonders hervorgehoben, daß ein großer Theil der geprüften und nachstehend beschriebenen Materialien und Konstruktionen gesetzlich geschützt ist, durch ertheilte oder angemeldete Patente, Musterschutz, Gebrauchsschutz u. s. w.

An den Brennproben haben sich die nachstehenden Firmen betheiligt:

1. Schubert, Zimmermeister, Breslau, Striegauerplatz 11.

Bewerber hatte sich in erster Linie die Aufgabe gestellt, verbrennliche Konstruktionen in einem bereits vorhandenen Gebäude möglichst feuersicher zu machen und zwar ohne mit denselben wesentliche Veränderungen und Umbauten vorzunehmen. Er suchte diese Aufgabe durch Anwendung eines Systems zu lösen, welches auf der Herstellung von Putzflächen beruht, denen als Putzträger ein sogenanntes Holzleistengeflecht dient. Letzteres vertritt gleichzeitig die sonst für Holzkonstruktionen übliche Schalung und Berohrung. — Vergl. Tafel 2.

Nach diesem Systeme waren ausgeführt:

a) Eine Bodenkammer. — Vergl. Tafeln 1 u. 2.

Dieselbe war von Außen erkennbar als Dachluke und wurde gebildet durch 4 verschiedenartig ausgeführte Wände. Die rückwärtige Wand bestand aus Schlackenziegeln, welche nur halb so schwer und halb so theuer wie gewöhnliche Backsteine sind und ein geeignetes Material für Zwischenwände 2c. abgeben würden, welche einer Unterstützung durch Mauern oder eiserne Träger nicht bedürfen. Die an der Treppe belegene Seitenwand, in welcher die Magnesit-Thür angebracht war, bestand aus einer einfachen Putzfläche, deren Putzträger ein doppeltes Holzleistengeflecht mit sich kreuzender Stäbchenlage war; die Stärke dieser Wand betrug etwa 4—5 cm. Die Wand unter der Fensterbrüstung war eine Doppelputzwand desselben Systems, im Innern ausgefüllt mit Schlacke. Die vierte Seitenwand wurde gebildet von der alten vorhandenen Fachwerkswand, deren Holztheile durch Verputzen geschützt wurden. Die Unterseite der Sparren war ebenfalls mit Putz auf Leistengeflecht belegt.

Der alte Fußbodenbelag der Kammer wurde entfernt und dafür ein Cement-Fußboden auf Leistengeflecht hergestellt. Um die Balken besser zu conserviren, wurde das Leistengeflecht durch untergelegte Latten einige Centimeter von den Balken entfernt gehalten. — Siehe Tafel 3. —

Zeit der Prüfung: 9. Februar 1893 5⁰⁰ N.

Dem Feuer ausgesetzt: 17 Minuten.

Temperatur: Ueber 1000° C.

Befund nach dem Brande:

Der Putz, welcher im Allgemeinen unbedeutende Risse und Abblätterungen zeigte, war an einzelnen Stellen von der Außenseite der Leisten losgefallen. Das dadurch theilweise frei gelegte Holzgeflecht war an einzelnen Stellen angekohlt, doch an keiner Stelle durchgebrannt. Der zwischen und hinter die Leisten gedrückte Putz hatte noch einen bemerkenswerthen Schutz gewährt.

Der Fußboden der Kammer, welcher den Anforderungen zu B 6 des Preisausschreibens genügen sollte, zeigte sich unversehrt, Wasser drang beim Ablöschen nicht hindurch.

b) Eine Holztreppe. Vergl. Tafeln 1 u. 2.

Nach dem vom Bewerber eingereichten Erläuterungsbericht ist zu der Treppe das Holz der alten, vorhandenen Treppe verwendet worden, und ist insofern eine Umänderung erfolgt, als aus der alten Treppe mit eingelochten Stufen eine solche mit aufgesattelten Stufen gemacht worden ist. Im Innern ist die Treppe mit Stakung, an ihrer Unter- und Seitenfläche mit Schalung versehen worden. Die Herstellungskosten sollen etwa $^2/_3$ aller übrigen, gewöhnlichen Treppenkonstruktionen betragen.

Geprüft: Am 9. Februar 1893 11²⁰ V.

Dem Feuer ausgesetzt: 1 Std. 30 Min.

Temperatur: Ueber 1000° C.

Befund nach dem Brande:

Die Treppe war nach dem intensiven Brande vollkommen begangbar, nur der Holzbelag der Stufen war oberflächlich verkohlt.

Eine genauere Untersuchung der Treppe ergab jedoch, daß dieselbe anders gebaut war, als im Programm angegeben. Die Wange war durch 2 je 20 mm starke Magnesitplatten mit darauf liegendem Drahtgeflecht und Cementverputz gegen die Einwirkungen des Feuers geschützt. Der Holzbelag der Trittstufen hatte 14 Tage in Salzlauge gelegen und war außerdem noch mit Asbestlinoleum belegt, während schmale Magnesitleisten die überstehenden Kanten des Holzbelages an der unteren Seite schützten. Ausgestakt war die Treppe mit Lehm und Cement; oberhalb der Stakung befand sich eine Schlackenfüllung, unterhalb derselben eine Luftschicht. Nur die Futterbretter und die Unterseite der Treppe waren aus Holzleistengeflecht mit Cementverzug hergestellt, doch war auch dieser noch theilweise durch Kieselguhr geschützt.

c) Eine feuersichere Thür. Vergl. Tafel 1.

Nach dem Erläuterungsbericht ist zu dieser Thür eine alte vorhandene hölzerne Thür benutzt worden.

Geprüft: Am 9. Februar 1893 11²⁰ V.

Dem Feuer ausgesetzt: 1 Std. 30 Min

Temperatur: Ueber 1000° C.

Befund nach dem Brande:

Außer einigen oberflächlichen Rissen im Putz waren irgend welche Veränderungen an der Thür nicht wahrzunehmen. Die dem Feuer abgewandte Seite der Thür zeigte während der ganzen Dauer des Brandes eine nur sehr geringe Erwärmung. Die Thür war 0,91 m breit, 1,85 m hoch und hatte eine Stärke von 0,15 m.

Eine genauere Untersuchung der Thür ergab, daß die alte Holzthür am Rande zunächst mit einem 15 cm breiten Streifen aus starkem Eisenblech umgeben worden war. Zwischen diesem Rahmen aus Eisenblech waren nach dem System Monier Drähte gespannt und das so gebildete Drahtnetz mit Cementmörtel verputzt. Unter dem Putz lag ein Asbestgewebe und auf der der Treppe zugekehrten Seite fand sich zwischen dem Asbestgewebe und der alten Holzthür noch eine dicke Lage Kieselguhr vor.

Die Thür war sehr schwer und konnte nur mit Mühe bewegt werden.

d) Eine feuersichere Thür für Bodenkammern. — Vergl. Tafel 2.

Die Thür war 0,60 m breit, 1,70 m hoch und bestand aus einer einzigen 20 mm starken Magnesitplatte mit doppelter Einlage von Jute. Die Thür ist für feuersicher ausgebaute Bodenkammern bestimmt und soll nach dem Erläuterungsbericht Feuer und Rauch so lange von den übrigen Bodenräumen abhalten, bis entweder der brennende Inhalt vom Feuer verzehrt oder letzteres abgelöscht wird.

Geprüft: Am 9. Februar 1893 11²⁰ V.

Dem Feuer ausgesetzt: 1 Stunde 30 Min.

Temperatur: Ueber 1000° C.

Befund nach dem Brande:

An drei Stellen war die Magnesitmasse bis auf die Juteeinlage in Tellergröße abgeblättert. Die Thür hatte sich oben fingerbreit abgebogen. Von dem in der Bodenkammer aufgestapelten Holz hatte sich in Folge dessen ein Holzscheit entzündet und schwelte. Die Kammer war daher fortgesetzt von dickem Rauch erfüllt.

Zur Notiz. Als später die Bodenkammer selbst in Brand gesetzt wurde, zerfiel die Thür gänzlich.

e) Feuersichere Ummantelung eines eisernen Trägers und einer Säule. — Vergl. Tafel 1.

Nach dem Erläuterungsbericht besteht die Ummantelung der Säule aus einem Holzkasten, an welchem die mehrerwähnten Putzflächen befestigt sind, während zum Schutze des Trägers an Stelle des Holzkastens nur Holzringe in Entfernungen von 50 zu 50 cm behufs Befestigung der Putzflächen angeordnet sind.

Geprüft: Am 11. Februar 1893 1²⁵ N.

Dem Feuer ausgesetzt: 1 Stunde,

Temperatur: Ueber 1000° C.

Befund nach dem Brande:

Die Ummantelung der Säule hatte sich gut gehalten, nur an einigen Stellen war wie bei 1a, der Putz abgefallen und daselbst das Holzleistengeflecht angekohlt. Die Ummantelung des Trägers war dagegen in der Mitte auf 50 cm Länge völlig durchgebrannt, so daß der Träger frei lag.

Wie nachträglich festgestellt, war auch die Ummantelung der Säule und des Trägers anders ausgeführt, als im Programm angegeben. Die Ummantelung der Säule z. B. bestand aus einem Holzkasten, dessen vier Kanten an den Außenseiten mit Gipsdielenstreifen bekleidet waren. Ueber diese Gipsdielenstreifen war ein Gewebe, vermuthlich Asbest, gespannt und die Zwischenräume zwischen Gewebe und Holzkasten waren mit Kieselguhr ausgefüllt. Ueber dem Asbestgewebe war dann das Holzleistengeflecht mit Cementmörtel-Verputz angebracht.

f) Eine feuersichere Decke. — Vergl. Tafeln 1 u. 3.

Dieselbe war, nach vorheriger Entfernung der alten Deckenschalung, nach dem System des Cementmörtel-Verputzes auf Holzleistengeflecht mit Luftisolirschicht, wie unter 1a (Fußboden) bereits beschrieben, hergestellt.

Geprüft: Am 11. Februar 1893 12^{10} N.

Dem Feuer ausgesetzt: 30 Minuten.

Temperatur: 1250—1300° C.

Befund nach dem Brande:

Die Decke war fast unversehrt, nur an einigen wenigen Stellen war der Putz abgefallen (siehe 1a) und das Holzleistengeflecht hatte sich entzündet. Ein eigentliches Durchbrennen der Decke hatte an keiner Stelle stattgefunden.

Urtheil des Preisgerichts.

Der Kernpunkt des Schubert'schen Systems besteht in der Anbringung von Putzflächen auf Schalung von Holzleistengeflecht. Dieses System hat sich sehr gut bewährt und muß anerkannt werden, daß der so hergestellte Verputz dem Feuer einen bedeutend größeren Widerstand entgegensetzt als der gewöhnliche Putz auf Rohr. Die Proben haben den Beweis erbracht, daß Holzkonstruktionen durch Anwendung dieses Verfahrens wirksam gegen Feuer geschützt werden können.

Der Bewerber scheint indessen zu seiner Konstruktion selbst noch nicht das rechte Vertrauen gehabt zu haben, aus welchem Grunde er sich wohl verleiten ließ, zur Erzielung einer größeren Wirkung vielfach Magnesitplatten, Kieselguhr, Asbestgewebe, Schlacke, Gipsdielen 2c. mit zu verwenden. Diese Materialien hätten, vermuthlich ohne das Ergebniß der Proben zu beeinträchtigen, fortgelassen werden können.

Im Besonderen sei über die Schubert'schen Konstruktionen noch Folgendes bemerkt:

Der Treppe (1b) und der feuersicheren Thür (1c) kann, trotz des vorzüglichen Verhaltens im Feuer, mit Rücksicht auf die komplicirte Konstruktion ein praktischer Werth nicht beigemessen werden. Die Thür war außerdem auch viel zu schwer.

Die feuersichere Thür (1d) schloß nicht rauchsicher, konnte auch nicht verhindern, daß ein Holzscheit, obschon erst sehr spät, in der Bodenkammer ins Schwelen gerieth; zudem bestand die Thür aus einem Material, welches sich, wie nachstehend unter 12 zu ersehen ist, nicht durchweg als absolut zuverlässig erwiesen hat.

Die Idee schließlich, Eisenkonstruktionen durch hölzerne Ummantelungen feuersicher zu machen, erscheint an sich verfehlt, ganz abgesehen davon, daß sich die Art der Ummantelung des Trägers gar nicht bewährt hat.

2. Weber-Falkenberg, Cöln a. Rh.

Bewerber stellte feuersicher imprägnirte, wasserdichte Leinenstoffe zur Prüfung. Das Material, ein dicht gewebter Jute-Leinenstoff, wird mit einer feuersicheren Masse imprägnirt und soll eine Hitze von 300° C. mindestens 20—25 Minuten lang aushalten. Nach Angabe des Verfertigers brennt der Stoff nicht mit heller Flamme, sondern glüht und verkohlt nur; der Stoff ist ferner vollkommen luftdicht. Die Wasserdichtigkeit des Stoffes wird durch Behandlung mit einer Masse erzielt, welche auch Leinöl enthält.

Der Stoff soll gegen Feuer um so widerstandsfähiger werden, je länger er dem Wetter ausgesetzt war, weil sich die wasserdichte Masse, welche das event. Brennbare bildet, alsdann steinartig ansetzt. Mit diesem Stoffe waren hergestellt:

a) eine äußere Giebelbekleidung. — Vergl. Tafel 2;

b) eine Dachbedeckung. — Vergl. Tafel 2;

c) ein Fußbodenbelag. — Vergl. Tafel 1.

Geprüft: Am 9. Februar 1893 5⁰⁰ N.

Dem Feuer ausgesetzt: 17 Min.

Temperatur: Ueber 900° C.

Befund nach dem Brande:

Die mit dem Stoffe bekleidete Giebelwand war vollkommen zerstört, das mit dem Stoffe eingedeckte Dach bis auf einige Reste ebenfalls. Da, wo sich noch Reste der Schalung befanden, lag auch der Stoff noch unversehrt. Der Fußbodenbelag kam nicht in Betracht, weil derselbe an einer Stelle angebracht worden war, wo das Feuer nicht zur Einwirkung gelangen konnte.

Urtheil des Preisgerichts.

Der Stoff brannte, sobald derselbe von der Flamme getroffen wurde, was namentlich an den Dachkanten zu beobachten war, sofort hoch und zeigte keinen merklichen Widerstand gegen Feuer. Ein definitives Urtheil über den fraglichen Stoff läßt sich jedoch nicht abgeben, weil der Stoff zu frisch aufgebracht und noch kurz vorher mit einem Oelanstrich versehen worden war, welcher in Folge des eingetretenen Regenwetters nicht mehr genügend trocknen konnte. Das überaus schnelle Durchbrennen des Daches dürfte außerdem auch noch auf die sehr mangelhafte Dachkonstruktion bezw. Bretterschalung des schon alten Gebäudes zurückzuführen sein. Die guten Eigenschaften des Stoffes scheinen also nur bei besonders sorgfältiger Verlegung zur Geltung kommen zu können.

3. Paul Stolte in Genthin.

Vertreter in Berlin: Reg.-Baumeister Lange, SW. Großbeerenstr. 13.

Bewerber hat das alleinige Fabrikations- und Vertriebsrecht der „Böklen'schen Patent-Cementdielen-Fabrikate" für die Stadt Berlin, die Provinzen Brandenburg, Sachsen, sowie die Großherzogthümer Mecklenburg-Schwerin und Strelitz. Die Cementdielen, welche aus reinem Cement und Sand hergestellt sind, können mit den für Stein gebräuchlichen Werkzeugen bearbeitet werden. Die Platten sind auf der Rückseite wabenartig — (siehe Tafel 3) — ausgehöhlt, wodurch, unbeschadet der Festigkeit, eine wesentliche Materialersparniß und somit auch eine bedeutende Verringerung des Gewichtes der Platten erzielt wird. Das Fabrikat kommt hauptsächlich als „ebene Cementdielen" von 5, 7 und 10 cm Dicke und als „gebogene Cementdielen" von 5 und 7 cm Dicke in den Handel, doch werden Platten für Außenwände 2c. auch in größeren Stärken und genau nach Maß angefertigt. Die Verwendung der Platten ist eine vielseitige. Bewerber hatte folgende Konstruktionen zur Prüfung gestellt:

a) Im Erdgeschoß. Decke in dem Raume Q1 aus 7 cm starken gebogenen Cementdielen zwischen bekleideten $\mathtt{I}$-Trägern mit aufgebrachter Sandschüttung.

Decke in dem Raume Q aus 7 cm starken gebogenen Cementdielen zwischen den alten Balken auf aufgebolzten Winkeleisen; obenauf die alte Stakung und Dielung. — Vergl. Tafeln 1. u. 3.

Geprüft: am 11. Februar 1893 1⁵ N.

Dem Feuer ausgesetzt: 1 Stunde.

Temperatur: Ueber 1000° C

Befund nach dem Brande:

An keiner Stelle waren die Träger resp. die Balken blosgelegt, nur hier und da war der Cementverputz, namentlich in den Fugen, losgeplatzt. Nach Abschlagen einiger Platten zeigten sich die Balken entweder ganz unversehrt oder nur geschwärzt bezw. oberflächlich verkohlt.

Zwei Träger, welche in der Mitte mit einer Einzellast von 1600 kg belastet waren, zeigten keine Veränderungen. Am Tage nach dem Brande wurde eine zwischen den Trägern liegende Kappe auf 0,44 qm Fläche mit 3922 kg belastet, worauf sich die Nebenkappen 1 cm hoben, da der Träger seitlich etwas auswich; erst bei einer weiteren Belastung bis auf 4562 kg erfolgte der Bruch der Kappe. Die Tragfähigkeit der Kappe betrug mithin nach dem Brande noch 10 370 kg pro qm. Eine genauere Untersuchung der Konstruktion ergab, daß die unteren Seiten der Träger und Balken durch entsprechend breite Cementplatten mit Eisenbandeinlage geschützt waren und zwar ohne Luftschicht. Die Eisenbänder, welche aus den Platten herausragen, sind um den unteren Flansch des Trägers gebogen bezw. an den beiden Seiten der Balken angenagelt. Die seitlichen Flächen zwischen diesen Platten und den Kappen sind sodann bei den Trägern ohne Verwendung von Drahtgeflecht oder dergl. mit Cement verputzt, während dieser Cement= verputz bei den Balken mittels Rohr= oder Drahtgeflecht aufgebracht ist.

b) I. Stockwerk. Die alte Balkendecke des Raumes K 1 hat eine Schutzdecke aus 5 cm starken gebogenen Cementdielen mit Sandaufschüttung erhalten.

Der Raum K zeigt dieselbe Deckenkonstruktion wie der darunterliegende Raum im Erdgeschoß. — Vergl. Tafeln 1 u. 3.

Die Konstruktion der Decke in dem Raume K 1 ist auf Tafel 3 dar= gestellt. Die Befestigung ꝛc. der Platten ist genau dieselbe wie unter „a" bereits an= gegeben.

Geprüft: Am 10. Februar 1893 3⁴³ N.

Dem Feuer ausgesetzt: 40 Min.

Temperatur: Ueber 1000° C.

Befund nach dem Brande:

Wie vorstehend unter „a" bereits angegeben; außerdem zeigten die Kappen an einzelnen Stellen Querrisse, welche jedoch für die Stabilität der Konstruktion ohne Bedeutung sind.

c) II. Stockwerk. Die Decke des Raumes D 1 besteht aus 7 cm starken gebogenen Cementdielen zwischen I=Trägern ohne Sandschüttung. Als oberer Belag dient Lehmestrich.

Die Decke des Raumes D zeigt dieselbe Konstruktion wie der darunter liegende Raum im I. Stockwerk. Vergl. Tafel 1.

Geprüft: Am 10. Februar 1893 10⁴³ V.

Dem Feuer ausgesetzt: 1 Stunde.

Temperatur: Ueber 900° C.

Befund nach dem Brande:

Wie vorstehend unter „b" bereits angegeben, doch waren Risse in den Kappen nicht bemerkbar.

d) Dachgeschoß. Die Decke bildet das Kehlgebälk, zwischen die Kehlbalken sind mittels angebolzter Winkeleisen 5 cm starke ebene Cementdielen eingelegt. Der obere Ausgleich erfolgt durch Lehmestrich. In die Felder zwischen den Sparren sind 5 cm starke ebene Cementdielen auf Winkeleisen eingeschoben. Als äußeres Dachbedeckungs= material sind P. Stolte's Patent=Cement=Falzziegel mit Drahteinlage auf Latten ver= wandt worden. — Vergl. Tafeln 1 u. 2.

Es muß hier vorausgeschickt werden, daß in der Dachfläche des Raumes B1 ein Oberlicht aus Drahtglas — siehe weiter unten bei 4c — und in der Dachfläche des Raumes B ein Oberlicht aus gewöhnlichem Fensterglas angebracht war. Beide Räume waren durch eine unverschlossene Thüröffnung verbunden.

Geprüft: Am 9. Februar 1893   12⁰⁰ M.

Dem Feuer ausgesetzt: 2 Stunden, nach Abzug einer Unterbrechung von 15 Minuten. Wegen Mangel an Luftzuführung in Folge des vorzüglichen Haltens des Drahtglases kam nämlich das Feuer in dem Raume B1 zunächst nicht zur Ent= wickelung. Es mußte daher um 12³⁵ der Raum B so weit abgelöscht werden, daß man unter Verwendung des Rauchhelmes in den ersteren Raum gelangen und hier das Feuer wieder entfachen konnte. Um 12⁵⁰ brannten beide Räume wieder.

Temperatur: In Folge des schon erwähnten Luftmangels in dem Raume B1 konnte das Feuer nicht recht zur Entwickelung kommen und zeigten die unterhalb des Drahtglas=Oberlichtes angebrachten Schmelzproben nur eine Temperatur von 350 bis 400° C., während die Temperatur in dem Raume B, gleichwie in den übrigen Räumen, circa 1000° C. betragen hat.

Befund nach dem Brande:

Das Holzwerk des Dachstuhles war nirgends frei gelegt, die Cementumkleidungen und Platten waren völlig unversehrt bis auf einzelne Fugen, woselbst der Verputz losgeplatzt war. Nachdem jedoch an einzelnen Stellen die Cementumkleidungen losgeschlagen worden waren, zeigte sich der Einfluß der verschiedenen Temperaturen, welche in den beiden Räumen geherrscht hatten, recht deutlich. Während nämlich in dem Raume, in welchem die Temperatur nur zwischen 350 und 400° C. geblieben war, sich alle Holztheile, ja sogar ein durch gewöhnlichen Putz geschützter Fachwerks= riegel, als vollkommen unversehrt zeigten, wurde in dem Raume B das Holz eines Stieles und eines Unterzuges, welche beide heftige Stichflammen auszuhalten gehabt hatten, unter der äußerlich unversehrt gebliebenen Cementverkleidung theilweise bis zur vollständigen Zerstörung verkohlt und in noch glühendem Zustande vorgefunden.

Der Stiel hatte jede Tragfähigkeit verloren. Die Kehlbalkendecke und die Sparren=
verkleidungen haben sich dagegen in beiden Räumen sehr gut gehalten. Das Feuer
konnte demnach auch nicht auf die Patent=Falzziegel einwirken.

Eine genauere Untersuchung ergab, daß die Stiele und Unterzüge auf 2 Seiten
durch Cementplatten, auf 2 Seiten durch Cementverputz auf Rohr geschützt worden
waren. Hierzu äußerte Bewerber, daß diese Art der Umkleidung nur ein Nothbehelf
gewesen sei, da der Bau s. Z. schleunigst fertig gestellt werden mußte. Bei genügender
Zeit würden die Stiele mit 5 cm starken Cementdielen ummauert und dadurch, gleich
wie bei den anderen Konstruktionen, ein Inbrandgerathen des Holzes verhindert worden
sein. Nach den an allen übrigen Stellen des Gebäudes gemachten Erfahrungen erscheint
diese Erklärung begründet.

e) Ein Brandgiebel. Derselbe besteht im Erdgeschoß und in der I. Etage
aus zwei je 10 cm starken Cementdielen mit 10 cm breiter Luftisolirung; in der
II. Etage und im Dachboden aus 7 cm starken Cementdielen mit Luftisolirung. Je
zwei gegenüberstehende Platten sind durch vier Eisenklammern miteinander verbunden. —
Vergl. Tafel 1.

Geprüft: Am 9., 10. und 11. Februar 1893. cfr. 3 a — d.

Dem Feuer ausgesetzt: Vergl. 3 a — d.

Temperatur: Ueber 1000° C.

Befund nach dem Brande:

Die Giebelwand zeigte in der Mitte einen durchgehenden Riß vom Erdgeschoß
bis zum II. Stockwerk, sowie außerdem noch mehrere seitliche Risse, doch dürfte diesen
Rissen eine allzu große Bedeutung nicht beizumessen sein, da die Giebelwand sich
während des Brandes in allen Stockwerken sehr gut bewährt hatte. Die Giebelwand
ist, mit Ausnahme des Dachgeschosses, von beiden Seiten gleichzeitig dem heftigsten
Feuer ausgesetzt gewesen, war also Verhältnissen unterworfen, welche sonst bei Brand=
mauern nicht vorkommen dürften.

Urtheil des Preisgerichts.

Die von Herrn Stolte mit Böklen'schen Cementdielen hergestellten und vorstehend
näher beschriebenen Konstruktionen haben sich bewährt und müssen als durchaus
feuersicher anerkannt werden. Die Cementdielen eignen sich auch ganz besonders zur
Herstellung feuersicherer Räume in bereits stehenden Gebäuden, sowie als wirk=
sames Schutzmittel für Eisenkonstruktionen.

Die zur Prüfung gestellten Konstruktionen wurden s. Z., ganz unabhängig von
der Witterung, schnell und dabei doch solide ausgeführt und machten einen sehr ge=
fälligen Eindruck.

**4. Aktiengesellschaft für Glasindustrie, vormals Friedrich Siemens in Dresden,
Vertreter in Berlin: W. L. Teetz, Steglitzerstraße 27.**

Die Firma fabrizirt sogenanntes „Drahtglas" für Oberlicht=Verglasungen, Fuß=
bodenbelag 2c. und bezweckt hierdurch, den Wegfall der sonst für Oberlichter 2c. vor=
geschriebenen Schutzgitter zu erreichen. Da eine Kontrolle über das Wiederanbringen

der vorgeschriebenen Schutzgitter unter Oberlichtern nach jedesmaliger Reinigung der letzteren nicht möglich ist, so erscheint die Anwendung dieses Drahtglases für Oberlichter als eine wesentliche Verbesserung.

Hergestellt wird Drahtglas in der Weise, daß die Drahteinlage in das noch in flüssigem Zustande befindliche Glas hineingewalzt wird. Die Drahteinlage wird von dem Glas vollständig bedeckt und kann somit nicht rosten. Es ist der Gesellschaft bereits gelungen, gebogene Drahtglasflächen herzustellen und weitmaschige Drahtgeflechte, welche das Licht weniger absorbiren, in 8 mm starke Glasplatten einzuwalzen. Die Platten werden z. B. in Stärken von 8 bis 20 mm bei einer Maximalgröße von 80 : 120 cm angefertigt. Die Platten werden in Rahmen aus Winkeleisen mittels Chamotte oder Cement verlegt.

Zur Prüfung waren gestellt:

a) Ein Oberlicht in dem Treppenpodest des II. Stockes.

Die Glasplatte hatte bei einer Größe von 53 : 100 cm eine Stärke von 20 mm, lag in einem Rahmen aus Winkeleisen und war mittels Cement bis zur Bündigkeit mit dem Fußboden eingedrückt. Vor der Probe war in der Längsrichtung des Glases ein Eisenbarren im Gewicht von 50 kg mausefallenartig mit Holzscheiten derart abgestützt worden, daß der Eisenbarren mit dem einen Ende auf dem Fußboden aufsaß, das Oberlicht also vorläufig unbelastet war. Erst nach dem Durchbrennen der Holzscheite sollte der Eisenbarren auf die vom Feuer bereits stark beanspruchte Glasplatte fallen. — Vergl. Tafeln 1 u. 2.

Geprüft: Am 11. Februar 1893 12^{10} N.

Dem Feuer ausgesetzt: 30 Min.

Temperatur: 1250 bis 1300° C.

Befund nach dem Brande:

Das 50 kg schwere Eisengewicht lag auf der Glasplatte und hatte dieselbe in der Mitte bis auf 8 cm durchgebogen. Die Unterseite der Durchbiegung war bis auf die Drahteinlage erheblich verschmolzen und zeigte Quer- und Längsrisse. An einer der Längsseiten hatte sich der Rand der Glasplatte von dem Eisenrahmen bis auf 1 cm losgetrennt, ohne daß hierdurch eine direkte Verbindung zwischen dem I. und II. Stockwerk geschaffen worden wäre. Trotz dieser Deformationen war die Platte noch vollständig tragfähig. Zu bemerken wäre noch, daß bei dem Ablöschen des Treppenhauses diese Platte wiederholt vom Wasserstrahl getroffen worden ist. — Vergl. Tafel 11 Bild Nr. 4a.

b) Eine seitliche verglaste Oeffnung im Treppenhause des II. Stockes.

Zu derselben waren 2 Glasplatten von je 80 : 90 cm bei einer Stärke von 10 mm verwandt worden. Die Platten saßen ebenfalls in einem Rahmen von Winkeleisen, waren mit Chamotte verschmiert und außerdem noch mit Haken befestigt. — Vergl. Tafel 1.

Geprüft: Am 10. Februar 1893 1 Uhr N.

Dem Feuer ausgesetzt: 20 Min.

Temperatur: circa 1000° C.

Befund nach dem Brande:

Das Verhalten dieser Glasplatten während des Brandes konnte von dem Treppen=
hause aus sehr gut beobachtet werden. Schon wenige Minuten nach der Brandlegung
bekam das Glas Sprünge und zwar zunächst in den Ecken, so daß man annehmen
konnte, die Glasscheiben hätten zu ihrer Ausdehnung nicht genug Spielraum gehabt.
Je intensiver die Hitze wurde, desto mehr Sprünge entstanden in dem Glase, oft unter
lautem Knall. Kein einziger dieser Sprünge ließ aber Rauch oder Flamme hindurch.
Die Hitze in der Nähe des Glases steigerte sich allmählich derart, daß der Aufenthalt
in einer Entfernung von etwa 1 m von dem Glase unerträglich wurde. Ein zu dieser
Zeit auf die Glasplatten gerichteter Wasserstrahl brachte keine merkbare Veränderung
an der Platte hervor.

c) Ein Oberlicht im Dach.

Dasselbe bestand aus 2 Glasplatten von 76 : 87 cm bei einer Stärke von 8 mm.
Die Befestigung der Platten war, unter Weglassung der Haken, analog der vorstehend
unter „b" bereits beschriebenen ausgeführt. — Vergl. Tafel 2

Geprüft: Am 9. Februar 1893 12 Uhr M.

Dem Feuer ausgesetzt: 2 Stunden. Vergl. das an dieser Stelle vorstehend
unter 3d bereits Gesagte.

Temperatur: 350 bis 400° C. Siehe ebenfalls bei 3d.

Befund nach dem Brande:

Das Oberlicht zeigte sich an der dem Feuer zugekehrten Seite vollständig geschwärzt
und wies nur vereinzelt ganz unbedeutende Sprünge auf. Auch dieses Oberlicht ist
bei dem Ablöschen des Dachraumes wiederholt von Wasserstrahlen getroffen worden.
Um zu erfahren, ob es mit Schwierigkeiten verknüpft sein würde, im Ernstfalle die
Drahtglasplatten zu zertrümmern bezw. ganz zu beseitigen, um dem Qualm Abzug zu
verschaffen, wurden zunächst mit einem Handbeile von außen her auf eine Glasplatte
leichtere Schläge geführt, worauf an den getroffenen Stellen das Glas sofort in ganz
kleinen Stückchen und Splitterchen lossprang. Demnächst wurde an einer Längsseite
derselben Platte mittels der scharfen Seite des Beiles das Glas sowie das Drahtgewebe
mit großer Leichtigkeit durchschnitten. — Vergl. Tafel 11.

Urtheil des Preisgerichts.

Die Glasplatten mit Drahteinlage haben sich durchaus bewährt.

Bei der Verwendung dieses Glases zu Oberlichtern dürfte es sich empfehlen, neben
der Befestigung der Platten mittels Chamotte oder Cement, noch eine mechanische Ver=
bindung der einzelnen Platten entweder mit dem Rahmengestell oder aber unter sich,
etwa durch Draht ꝛc., derart zu bewirken, daß bei erheblichen Deformationen der
Platten durch auffallende schwere Gegenstände resp. bei erheblichen Durch= und Ver=
biegungen der Rahmenkonstruktion einzelne, ganze Platten nicht herabfallen können.

Bezüglich der Verwendung von Drahtglas für Lichtöffnungen in den Zwischen=
wänden wäre noch darauf hinzuweisen, daß dabei die Vorsicht gebraucht werden muß,
um die Uebertragung des Feuers auf einen Nebenraum zu verhindern, in diesem letzteren

Raume leicht entzündliche Gegenstände bis auf eine Entfernung von etwa 2 m von dem Drahtglase nicht zu lagern.

5. A. & O. Mack, Ludwigsburg (Württemberg) — Berlin W., Mohrenstraße 36.

Mack's Gipsdielen mit Nut und Falz bestehen aus einer besonders präparirten Gipsmasse, welche durch Beimischung von porösen und festbindenden Stoffen (Haaren, zerkleinertem Kork 2c.), sowie durch Einlage getrockneten, keimfreien Rohres (Schilfrohr, Bambus) eine große Leichtigkeit und Zähigkeit erhält. Die Gipsdielen werden gewöhnlich in einer Länge von 2,5 m, einer Breite von 20 bis 25 cm und in Stärken von 2,5 bis 12 cm hergestellt; sie lassen sich wie Holz sägen und nageln. Es kommen volle und hohle Gipsdielen, letztere mit röhrenartigen Hohlräumen zur Verwendung.

Zu den Brennproben waren von dem Cementbaugeschäft R. Kuntze, Berlin SW., Charlottenstraße 72, für die obige Firma nachfolgende Konstruktionen aus Gipsdielen ausgeführt:

a) Decke zwischen eisernen Trägern im I. Stockwerk.

Zwischen 83 cm auseinanderliegende I = Träger N. P. 21 sind 10 cm starke Hohl= gipsdielen mit Nut und Falz eingelegt, so daß die Gipsdielstücke circa 1 cm über Unterflansch des Trägers vorstehen; die Trägerflansche sind mit Drahtgewebe über= spannt, und die ganze untere Fläche ist mit einem circa 1 cm starken gewöhnlichen Mörtelputz (nicht Gipsputz) versehen. Auf die Gipsdielen ist eine Sandschüttung auf= gebracht. Die eine Hälfte der so hergestellten Decke hatte darüber als Fußboden eine 6 cm starke Cementbetonschicht mit 7 mm Rundeiseneinlage, darüber einen 2 cm starken Cement=Glattstrich zur eventuellen Aufnahme von Linoleum; die andere Hälfte des Fußbodens war mit 17 mm starken Xylolithplatten belegt, welche auf 50 cm von einander entfernt liegende 10 × 10 cm starke Lagerhölzer aufgeschraubt waren. Vergl. Tafel 2.

Geprüft: Am 10. Februar 1893 3⁴³ N.

Dem Feuer ausgesetzt: 40 Min.

Temperatur: Ueber 1100° C.

Belastung: Zwei nebeneinander liegende Träger waren zusammen in der Mitte mit einer Einzellast von 1000 kg belastet. Der übrige Theil der Decke war erheblich belastet durch herabgestürzte Balken und durch Schutthaufen. Die Träger trugen 5,8 m frei

Befund nach dem Brande:

Die Ablöschung des Raumes erfolgte mittels eines Rohres der Dampfspritze, wobei der Strahl auch gegen die Decke gerichtet wurde. Die Deckenkonstruktion zeigte sich nach erfolgter Ablöschung in ihrem Zusammenhange unverändert. Der Deckenputz war fast überall herabgefallen, die Gipsdielen lagen frei, zeigten aber keinerlei Ver= änderungen. Die beiden in der Mitte mit zusammen 1000 kg belasteten Träger zeigten an dieser Stelle eine geringe Durchbiegung, welche jedoch auf die Festigkeit der Konstruktion von gar keinem Einflusse war; die unteren Flansche dieser beiden Träger lagen frei. Nach erfolgtem Neuverputz würde diese Decke ihren ursprünglichen Werth wiedererlangt haben.

Anmerkung: Der hier erwähnte Fußboden aus Cementbeton wurde gleich=
zeitig mit dem Xylolith=Fußboden — siehe unter 14 — geprüft. Der Cement=Fuß=
boden hat sich gut bewährt; derselbe zeigte nach dem Brande auch nicht die geringste
Veränderung oder Beschädigung.

b) Decke, Zwischenboden und Fußboden bei Holzgebälk im I. Stockwerk.
— Vergl. Tafeln 1 u. 2.

Die Decke bestand, an Stelle von Schalung, Rohrung und Putz, aus 3 cm starken
Gipsdielen mit Nut und Falz, welche mittels verzinkter Drahtstifte direkt gegen die
Balken genagelt und leicht verputzt waren.

Der Zwischenboden bestand aus 5 cm starken Gipsdielen mit Nut und Falz,
welche an Stelle von Stakung zwischen den Balken auf an letztere genagelte Latten
gelegt werden.

Der Fußboden endlich bestand aus 7 cm starken Gipsdielen mit Nut und Falz,
welche direkt auf die Balken aufgenagelt und zur eventuellen Aufnahme von Linoleum
mit einem 2 cm starken Gipsestrich versehen waren.

Geprüft: Am 11. Februar 1893 1^{25} N.

Dem Feuer ausgesetzt: 1 Stunde.

Temperatur: Ueber 1100° C.

Befund nach dem Brande:

Die 3 cm starken Gipsdielen, welche an Stelle von Schalung, Rohrung und
Putz die Decke bildeten, waren in der ganzen Ausdehnung — etwa 20 qm — heruntergefallen,
die Deckenbalken lagen frei und waren stark verkohlt. Die Stakung der Decke, be=
stehend aus 5 cm starken Gipsdielen, war dagegen völlig unversehrt, ebenso der Fuß=
boden darüber. Die Gesammtkonstruktion hatte dem Feuer an keiner Stelle den Durch=
gang gestattet, zeigte sich in ihrem Zusammenhange unverändert und noch vollkommen
tragfähig. Von Interesse hierbei ist noch folgender Vorfall. Zwei Tage nach dem
Brande war, vermuthlich infolge Wegkohlens eines Balkenkopfes, ein ungefähr in der
Mitte der Decke liegender Balken herabgestürzt, so daß nunmehr die 7 cm starken
Gipsdielen, welche den Fußboden bildeten, auf etwa 2 m völlig frei lagen. In diesem
Zustande trugen die Gipsdielen nicht nur die Last des auf denselben lagernden Schuttes,
sondern es bewegten sich auf demselben noch bis zu 5 Mann. Ein in diesem Augen=
blicke die Brandstelle betretender Offizier der Feuerwehr gab, zur Verhütung eines
Unfalles, sofort den Befehl, den gefährdeten Theil der Decke durchzuschlagen, welche
Arbeit indessen nicht ohne Anstrengung von Statten ging.

Anmerkung: Der bei dieser Deckenkonstruktion mitbeschriebene Fußboden aus
7 cm Gipsdielen mit Gipsestrich ist bei Gelegenheit der Prüfung der Magnesitplatten
— siehe 12a und b — mitgeprüft worden. Der Fußboden wurde durch ausfließendes
Petroleum, Holzstöße zc., sowie durch herabfallende Balken, Steine u. s. w. stark beansprucht
und zeigte dennoch nach dem Brande keinerlei Veränderungen.

c) Zwei Scheidewände aus 10 cm starken Hohlgipsdielen mit Nut
und Falz im I. Stockwerk, ohne Stützpunkte aufgesetzt und beiderseits mit circa
1 cm starkem einfachen Mörtelputz (kein Gipsputz) versehen. — Vergl. Tafel 1.

Geprüft: Am 10. Februar 1893 3⁴⁸ N. und

      " 11.   "   "   1²⁵ N.

Dem Feuer ausgesetzt: 40 Min. bezw. 1 Stunde.

Temperatur: Ueber 1000° C.

Befund nach dem Brande:

Die Scheidewände wurden, wie vorstehend ersichtlich, zu verschiedenen Zeiten von beiden Seiten beansprucht. Der Putz war von den Wänden herabgefallen, während an einigen Stellen das den Gipsdielen eingefügte Rohr frei lag und sich verkohlt zeigte. Im Uebrigen waren die Wände vollkommen unversehrt, namentlich zeigten die Gipsdielen keinerlei Verkrümmungen oder dergl., so daß ein Wiederverputzen der Wände jede Spur der Einwirkungen dieses intensiven Brandes beseitigt hätte.

d) Feuersichere Ummantelung zweier Mannesmannsäulen im I. Stockwerk mittels Drahtputz.

Die Ausführung des Drahtputzes erfolgte in der Weise, daß das Hauptgewicht auf eine möglichste Isolirung des Putzmantels gegen die eiserne Säule gelegt war. Es geschah dies in der Weise, daß die in Höhen-Entfernungen von circa 60 cm von einander um die Säule gelegten Abstandsbänder aus Bandeisen nur mit einzelnen Metallspitzen von circa 6 cm Länge die Säule berührten. Ueber die Abstandsringe wurde dann ein besonders eingetheiltes Drahtgeflecht, der Form der Säule entsprechend, herumgezogen und auf dieses Gipsmörtel aufgebracht. Die rauh gelassene Oberfläche dieses Gipsmörtels wurde sodann mit Cementmörtel glatt geputzt. — Vergl. Tafel 1.

Geprüft: Am 10. Februar 1893 3⁴⁸ N.

Dem Feuer ausgesetzt: 40 Min.

Temperatur: Im Raume über 1100° C.; zwischen Ummantelung und Säule unter 315° C.

Befund nach dem Brande:

Der Verputz aus Mörtel mit Cementzusatz war an beiden Säulen abgefallen. An der in der Mitte des Raumes stehenden Säule war am unteren Theile derselben in einer Höhe von etwa 40 cm auch der Gipsmörtel von dem Drahtgeflecht losgeplatzt, so daß die Säule hier frei lag. Da diese Stelle an der Säule sich jedoch genau in der Richtung des Fensters befand, durch welches mit der Dampfspritze Wasser gegeben worden war, so erscheint die Annahme nicht ausgeschlossen, daß der Gipsmörtel erst beim Anspritzen der Säule, insbesondere auch in Folge der mechanischen Kraft des Strahles, losgeplatzt ist.

Die Säulen zeigten sich nach Losschlagen der Ummantelung gänzlich unversehrt.

e) Feuersichere Ummantelung einer gußeisernen Säule mit Gipsdielen. — Vergl. Tafel 1, II. Stockwerk.

In einer Entfernung von 6 cm von der Säule waren 5 cm starke Gipsdielen in Form eines viereckigen Kastens mit quadratischem Querschnitt um die Säule herum befestigt.

Geprüft: Am 10. Februar 1893 11 Uhr V.

Dem Feuer ausgesetzt: 1 Stunde 10 Min.

Temperatur: Im Raume circa 950° C.; zwischen Ummantelung und Säule unter 315° C.

Befund nach dem Brande:

An den Fugen, da wo die vier Gipsdielen zusammenstießen, war das Rohr der Gipsdielen stellenweise freigelegt und verkohlt. Die Ummantelung war sonst unversehrt, ebenso die Säule.

f) Feuersichere Ummantelung einer gußeisernen Säule im II. Stockwerk mittels Drahtputz, genau nach dem vorstehend unter 5d bereits beschriebenen Verfahren.

Geprüft: Am 10. Februar 1893 11 Uhr V.

Dem Feuer ausgesetzt: 1 Stunde 10 Min.

Temperatur: Im Raume 1000° C.; zwischen der Ummantelung und der Säule unter 315° C.

Befund nach dem Brande:

Wie bei 5d. Der Cementmörtel-Verputz war abgefallen, der Gipsmörtel haftete aber noch überall auf dem Drahtgeflecht; die Säule war nirgends freigelegt und ist unversehrt geblieben.

Urtheil des Preisgerichts.

Die Mack'schen Gipsdielen haben sich bewährt; die mit denselben ausgeführten Bau=Konstruktionen müssen als absolut feuersicher bezeichnet werden. Die Gipsdielen eignen sich ganz besonders zur Ausstakung von Decken. Auch ist es leicht, mit diesem Material feuersichere Räume in bereits stehenden Gebäuden herzustellen.

Als Schutzmittel für Eisenkonstruktionen haben sich die Gipsdielen vollständig bewährt. Das Drahtputzverfahren hat wohl dem Feuer, aber nicht den Wirkungen des zum Löschen verwendeten Wassers absoluten Widerstand geleistet. Es kann aber sehr wohl bei einem großen Feuer vorkommen, daß die Flammen auch Punkte wieder erreichen, an denen schon vorher gelöscht war. Außerdem erscheint bei dem Drahtputz=verfahren eine innigere Verbindung der beiden Mörtelarten wünschenswerth; ob dies bei der Verschiedenheit der Materialien möglich ist, muß zunächst noch dahin gestellt bleiben.

Die Fußböden aus Cementbeton bezw. Gipsestrich haben sich sehr gut bewährt; dieselben entsprechen den in dem Preisausschreiben gestellten Bedingungen in vollstem Umfange.

6. Von der Berliner Feuerwehr

waren außer Concurrenz zum Vergleich gewöhnliche, berohrte und beputzte einfache Bretterwände, Decken, Holzsäulen, sowie Holzthüren mit Eisenblechbeschlag im II. Stock=werk — siehe Tafeln 1 u. 13 — hergestellt worden. Bezüglich der Thüren muß noch er=wähnt werden, daß lediglich im Gebäude bereits vorhandene alte Füllungsthüren, also nicht glatt gehobelte Bretterthüren, mit Eisenblech beschlagen worden waren.

Geprüft: Am 10. Februar 1893 11 Uhr V.

Dem Feuer ausgesetzt: 1 Stunde 10 Min.

Temperatur: Verschieden, von 800° C. bis über 1000° C.

Befund nach dem Brande:

Auf der dem Feuer abgekehrten Seite der verputzten Bretterwände waren Veränderungen oder Beschädigungen, hervorgerufen durch den Brand, nicht zu bemerken. Auf der Feuerseite dagegen war der Verputz zum größten Theile herabgefallen und das dadurch freigelegte Holzwerk angekohlt. Vollständig durchgebrannt waren die Wände an keiner Stelle. Letzteres trat erst im weiteren Verlaufe der Brennproben und zwar an all den Stellen ein, welche, bisher auf einer Seite noch unversehrt, nunmehr von dieser Seite her den Einwirkungen des Feuers ausgesetzt wurden. Aehnlich verhielten sich die gewöhnlichen Putzdecken dem Feuer gegenüber, wenngleich eine größere Zerstörung als bei den Zwischenwänden unverkennbar war. Der Deckenputz war abgefallen, die Deckenschalung theilweise durchgebrannt und an den den Flammen besonders ausgesetzten Stellen war auch die Stakung herabgestürzt und der darüber liegende Fußboden durchgebrannt.

Bemerkenswerth ist das Verhalten zweier Holzsäulen. Von beiden Säulen, welche eine Stärke von $^{22}/_{25}$ cm hatten, war die eine, im II. Stockwerk, berohrt und beputzt, die andere, im I. Stockwerk, völlig ungeschützt. Bei der ersteren Säule war der Putz nur noch an dem unteren Theile derselben bis auf eine Höhe von etwa 30 cm vom Fußboden vorhanden. Im Uebrigen war die Säule freigelegt. Nach Beseitigung der verkohlten Außenfläche zeigte die Säule noch einen völlig gesunden Kern von $^{16}/_{21}$ cm Stärke. Die Kohle der Außenfläche hatte, wie dies regelmäßig auf Brandstellen beobachtet wird, ausreichenden Schutz gegen völlige Zerstörung gewährt. Die in dem I. Stockwerk befindliche ganz ungeschützte Säule war, besonders in dem oberen Theile, wohl etwas mehr angegriffen, zeigte aber ebenfalls noch einen ganz gesunden Kern von etwa $^{14}/_{19}$ cm und erwies sich noch als vollkommen tragfähig.

An den mit Eisenblech beschlagenen Holzthüren zeigten sich äußerlich nur insofern merkbare Spuren des stattgehabten Brandes, als einzelne Blechplatten, nach der Feuerseite zu, wellenförmig verbogen und an diesen Stellen die Nägel theils ganz herausgesprungen waren, theils lose im Eisenblech hingen. Nach Entfernung einiger Blechplatten zeigte sich das Holz der Thüren angekohlt, in den oberen Theilen der Thüren sogar gänzlich verkohlt. Die Thüren schlossen während des Brandes rauchsicher; nach dem Brande waren dieselben noch gut gangbar. Die Erhitzung der dem Feuer abgekehrten Seite der Thüren war mäßig und zeigte sich überhaupt nur an dem oberen Theile derselben; man konnte dort bis gegen Ende der Probe die Hand auflegen.

Urtheil des Preisgerichts.

Die berohrten und beputzten Bretterwände, sowie die mit Eisenblech beschlagenen Holzthüren haben den an dieselben gestellten Anforderungen genügt, wie dies nach den bisherigen praktischen Erfahrungen auch nicht anders zu erwarten war.

7. Bau-Isothermal-Anstalt, J. F. Heilemann, Ingenieur, Berlin SW., Friedrichstraße 240.

Nach dem Isothermal-System gehen die Deckenträger vom Deckenputz zum darüberliegenden Fußboden nicht hindurch, wie das sonst üblich ist, sondern sie sind abwechselnd so eingelagert, daß die eine Hälfte der Träger Deckenträger und die andere Hälfte Fußbodenträger sind, während sie doch wiederum gemeinschaftlich an der Gesammtlast gleichen Theil nehmen. Durch diese Anordnung soll das Hindurchleiten des Schalles, wie auch der Wärme, verhindert werden. Zwischen den Trägern liegen 15 mm starke Magnesitplatten; die Schüttung oberhalb und unterhalb derselben besteht aus Kiesel= guhr. Die Decke wird hergestellt durch einen Kieselguhrverputz auf Drahtgewebe. Eine Decke nach diesem System soll circa 75 kg pro qm wiegen.

Nach demselben System werden Zwischenwände in der Weise hergestellt, daß ein Drahtgewebe, welches vorher mittels Haken an die oben beschriebene Deckenkonstruktion angehängt worden ist, mit Kieselguhr=Estrich verputzt wird.

Nach diesem System waren ausgeführt:

a) eine Deckenkonstruktion in dem I. Stockwerk. — Siehe Tafeln 1 u. 3 — und

b) eine Zwischenwand ebendaselbst.

Geprüft: Am 10. Februar 1893 3⁴³ N.

Dem Feuer ausgesetzt: 40 Min.

Temperatur: Ueber 1000° C.

Belastung: Die Decke war während des Brandes nur mit dem Schutt belastet, welcher bei dem kurz vorher stattgehabten Brande des zweiten Stockwerkes, dessen Decke an dieser Stelle vollständig zerstört wurde, herabgestürzt war.

Befund nach dem Brande:

Die Decke war zum größten Theile vollständig zerstört. Die Träger waren stark verbogen und zeigten besonders in der Mitte erhebliche Durchbiegungen. Die I=Träger — N. P. 12 — trugen 6,00 m frei, bei einer Theilung von 0,50 m! Vergl. Tafel 10 —. Die Zwischenwand war völlig verschwunden; auf dem Fußboden fanden sich einige Reste des Drahtgewebes vor.

Urtheil des Preisgerichts.

Sowohl die Deckenkonstruktion als auch die Zwischenwand haben den an sie gestellten Anforderungen nicht entsprochen. Die Konstruktionen nach dem Isothermal= System können in der zur Prüfung gestellten Ausführung, als „feuersicher" nicht bezeichnet werden.

Hierbei muß besonders hervorgehoben werden, daß diese Konstruktionen bezüglich der Menge des eingebrachten Brennstoffes, der Manipulation bei der Ablöschung 2c. genau ebenso wie die anderen Konstruktionen behandelt worden sind.

Die Zerstörung der Decke ist sehr wahrscheinlich in erster Linie auf eine ungenügende Isolirung der Träger durch den Deckenverputz, welcher bei Frost aufgebracht worden war, zurückzuführen. Nachdem der Putz herabgefallen war, sind die zu schwachen Träger glühend geworden und haben sich durchgebogen, worauf alsdann auch die Zwischendecke, bestehend aus Magnesitplatten mit Kieselguhrfüllung, zerstört worden ist. Beim Ablöschen mag dann der Wasserstrahl die bereits stark angegriffene Decke weiter zerstört haben.

Anmerkung. Auf Seite 38 ist ein Schreiben des Herrn Ingenieurs Heilemann

abgedruckt, in welchem ersucht wird, von den in diesem Schreiben enthaltenen „Richtig=
stellungen" zu dem vorliegenden Bericht Notiz zu nehmen.

8. Deutsch=Oesterreichische Mannesmannröhrenwerke Berlin NW., Pariserplatz 6.

Zu der Mack'schen Deckenkonstruktion — vergl. 5a — wurden 2 Mannesmann=
säulen (nahtlose Stahlrohre) verwendet. Die Säulen haben sich gut gehalten, doch kann
ein zutreffendes Urtheil über dieselben nicht abgegeben werden, weil beide Säulen, wie
vorstehend unter 5d beschrieben, feuersicher ummantelt waren. Es würden also noch
besondere Versuche mit diesen Säulen anzustellen sein, wenn beabsicht würde, dieselben
als tragende Theile ohne Ummantelung zu verwenden.

9. Asphalt=Werk Franz Wigankow, Berlin=Martinikenfelde. Kaiserin=Augusta=Allee 22.

Das Werk hat die Ausführung der „feuer= und schwammsicheren Deckenkonstruktionen
nach dem System Kleine" übernommen. Das System hat seinen Ursprung in dem
Bestreben, eine Decke zu konstruiren, welche bei vollkommener Feuersicherheit auch für
Wohnräume geeignet erscheint. Die Decke besteht im tragenden Theile der Decken=
füllung aus Tafeln, welche aus rheinischen Schwemmsteinen zwischen hochkantig ge=
stellten Flacheisen in Verbindung mit Cementmörtel hergestellt werden. — Vergl.
Tafel 3.

Nach diesem Systeme waren zwei Felder in der Decke von Mack — 5a — aus=
geführt. Vergl. Tafel 1, erstes Stockwerk. Die Träger N. P. 21 lagen in Entfernungen
von 0,83 m bei einer freien Länge von 5,8 m, so daß die Gesammtdeckenfläche nach
diesem Systeme circa 10 qm betragen hat.

Geprüft: Am 10. Februar 1893. 3 ^{43} N.

Dem Feuer ausgesetzt: 40 Min.

Temperatur: Ueber 1100° C. im Raume.

Befund nach dem Brande:

Die Ablöschung war mittels eines Rohres der Dampfspritze erfolgt, der Strahl
wurde hierbei auch gegen die Decke gerichtet. Die Deckenkonstruktion zeigte sich nach
erfolgter Ablöschung in ihrem Zusammenhange unverändert. Der Deckenputz war
theilweise herabgefallen, die Schwemmsteine lagen hier frei, zeigten aber keinerlei
Veränderungen. Durch einfachen Neuverputz würde diese Decke wieder in den früheren
Zustand gebracht werden.

Bei einer nach dem Brande vorgenommenen Belastungsprobe der eigentlichen
Deckenplatte aus Schwemmsteinen, Cement und Bandeisen zeigten sich bei einer Last
von 3200 kg pro qm. keinerlei Sprünge oder Risse in dem unter dem belasteten
Deckentheile noch unversehrt gebliebenen Deckenputze. Von einer weiteren Belastung
mußte mit Rücksicht auf das durch das Feuer stark beschädigte Gebäude Abstand ge=
nommen werden.

Urtheil des Preisgerichts.

Die Deckenkonstruktion nach dem System Kleine muß als durchaus feuersicher
bezeichnet werden.

10. G. A. L. Schultz & Comp., Berlin SO., Brückenstraße 13a.

Bewerber hatten im I. und II. Stock des Treppenhauses Treppenläufe mit freitragenden Stufen aus Schönweider Kunstsandstein, Granit- und Eisenblechstufen mit Holzbelag eingebaut. Die Verschiedenartigkeit der Stufen sollte darthun, daß die von der Firma gefertigten Kunstsandsteinstufen mit Eiseneinlage bei einem Brande dem Feuer den größten Widerstand bieten, nicht springen wie Granitstufen und nach erfolgtem Ablöschen des Feuers ohne Gefahr begangen werden können, weil die in den Stufen befindliche, an den Stirnenden aufgekantete Eiseneinlage als Anker dient und letzterer ein Herabfallen einzelner Stufenenden verhindert, falls bei ganz intensiver Hitze einzelne Stufen Sprünge erhalten haben sollten.

Der untere so hergestellte Treppenlauf bestand, am Podest des I. Stockwerkes beginnend, aus:

12 Kunstsandsteinstufen mit Eiseneinlage,

3 Winkelstufen aus Granit und

1 Kunstsandsteinstufe ohne Eiseneinlage;

Der Treppenlauf im II. Stockwerk bestand, von dem hier befindlichen Podest beginnend, aus:

6 Kunstsandsteinstufen mit Eiseneinlage,

1 Granitstufe und

9 zusammenhängenden Stufen aus Eisenblech mit Holzbelag.

Geprüft: Am 11. Februar 1893. 12^{10} N.

Dem Feuer ausgesetzt: 30 Min.

Temperatur: An der Decke des Treppenpodestes des II. Stockwerkes wurden circa 1300° C. ermittelt.

Befund nach dem Brande:

Die Granitstufen waren sämmtlich zersprungen, die Stufen aus Eisenblech hingen senkrecht an der Wand herab. Letzterer Umstand mußte jedoch eintreten, da der Treppenlauf aus Eisenblech auf einer „Granitstufe" aufsaß, welche, wie erwähnt, zersprungen und herabgefallen war. Vergl. Tafeln 8 u. 9.

Von den 6 Kunstsandsteinstufen im II. Stockwerk waren die 1. und 3. Stufe ganz unversehrt, während zwei Stufen einen Längssprung aufwiesen. An allen anderen Stufen, auch an denjenigen des Treppenlaufes im I. Stockwerk, waren an der Stirnseite mehr oder weniger Stücke des Kunstsandsteines abgeplatzt, so daß die Eiseneinlagen frei lagen. An den Kanten der Auftritte waren eiserne Schutzleisten angebracht, welche bis auf 15 cm an die Stirnseiten der Stufen heranreichten. Es wurde nun die eigenthümliche Thatsache beobachtet, daß das soeben erwähnte Abspringen von Stücken an den Stirnseiten der Stufen stets nur genau bis an diese Schutzleisten erfolgt war. Im Uebrigen waren an den Kunstsandsteinstufen keinerlei Veränderungen wahrzunehmen, auch konnte die Treppe wie vor dem Brande begangen werden.

Urtheil des Preisgerichts.

Die Treppen aus Schönweider Kunstsandsteinstufen mit Eiseneinlage haben sich bewährt und müssen als durchaus feuersicher bezeichnet werden.

Bemerkung. Unabhängig von der Brennprobe fand gleichzeitig eine Belastungs=
probe einer derartigen Treppe statt. An dem Giebel des Versuchsgebäudes war ein
1,75 m freitragender Treppenlauf aus Kunstsandstein eingemauert und zwar auf 25 cm.
Die Stufen hatten eine Eiseneinlage von 15×15 mm Querschnitt. Auf eine Fläche
von 3,5 qm wurde mittels Mauersteinen eine Nutzlast von 13 500 kg aufgebracht, bei
einer Eigenlast von 500 kg pro qm. Nachdem die Treppe mit dieser Last 5 Tage ge=
standen hatte, zeigten sich an zwei Stufen Sprünge.

Schließlich sei hier noch bemerkt, daß bei mehreren Feuern, darunter einem großen
in der Krausenstraße Nr. 39 am 15. März 1888, sich diese Kunstsandsteintreppen sehr
gut bewährt haben.

11. Aktiengesellschaft für Monier=Bauten, vorm. G. A. Wayß & Comp. Berlin NW., Alt=Moabit 97.

Das Wesentliche der Monier'schen Bauart besteht darin, daß um ein aus Eisen
hergestelltes Gerippe Cementmörtel im Mischungsverhältniß 1:3 gegossen wird. So=
wohl der Querschnitt der Eisenstäbe, die an ihren Kreuzungsstellen mit feinem Binde=
draht verbunden sind, wie die Dicke des Cementkörpers wird in jedem Falle auf Grund
statischer Berechnungen dem jeweiligen Anwendungszweck entsprechend bestimmt. Nach
diesem System werden Fußböden und gerade Decken bis zu je 2,5 m freitragend, sowie
sehr flache Gewölbe mit beliebiger Spannweite, tragende Wände und Dächer hergestellt.
Auch für die feuersichere Ummantelung von eisernen Säulen, Trägern und Unterzügen
ist die Monier=Bauweise bedeutungsvoll.

Nach diesem System waren hergestellt:

a) Eine Deckenkonstruktion zwischen I=Trägern N.P. 34 — vergl. Tafeln 1 u. 3 —
welche, ohne mit den Umfassungswänden in Berührung zu kommen, frei auf Pfeilern
stand. Um ein seitliches Ausweichen der Decke zu verhindern, waren die I = Träger
durch Anker mit einander verbunden. Zwischen den Trägern a, b, e und f sind in
Spannweiten von 1,30 m ebene Monierdecken von 8 cm Stärke ausgeführt, welche auf
den unteren Trägerflanschen ruhen. Das zu diesen Decken verwandte Eisenflechtwerk
bestand aus 5 bezw. 7 mm starken Rundeisenstäben in 6 cm Maschenweite. Aehnliche
Monierdecken sind auf den unteren und oberen Flanschen der Träger b c und d e her=
gestellt. Zwischen die Träger c d ist eine Monierkappe von 4,00 m Spannweite ein=
gewölbt, welche wagerecht mit Cementbeton abgeglichen ist und dann einen Cement=
fußboden erhalten hat. Die Stärke des Gewölbes beträgt im Scheitel einschließlich des
Fußbodens 8 cm, die Maschenweite des Eisenflechtwerks 7 cm bei 5 bezw. 7 mm
starken Rundeisenstäben. Zwischen den Trägern f und g ist eine Monierplatte an=
geordnet, welche auf den Oberflanschen liegt, sich aber auf die Unterflanschen i k,
wie im Schnitt auf Tafel 3 skizzirt, aufstützt. Auf diese Weise haben die I = Träger zu=
gleich einen Schutz gegen den Angriff des Feuers erhalten.

Sämmtliche sichtbaren Eisentheile dieser Deckenkonstruktionen, die Unter= und Ober=
flanschen der Träger, sowie die beiden Langseiten der freiliegenden Träger a und g sind
durch eine Monierumhüllung gegen Feuer gesichert.

b) Eine Treppe — vergl. Tafeln 1, 4 u 7.

Die Seitenwandungen derselben bestehen aus durchbrochenen, in steigender Bogen= form hergestellten Monierwänden, während die Zwischenwände durch kleine Pfeiler= vorlagen von 39 cm Breite und 9 cm Dicke, welche gleichzeitig zur Verstärkung der Außenwände dienen und einen halbkreisförmigen Abschluß nach oben haben, gebildet sind. Auf eine aufgelegte, steigende, 5 cm starke Monierplatte sind dann die Treppen= stufen, welche bei einer Stufenlänge von 90 cm eine Höhe von 17 cm und einen Auftritt von 26 cm hatten, aufbetonirt.

Das Eisengerippe der Treppe bestand aus Eisenflechtwerk von 5 bezw. 7 mm starken Rundeisenstäben mit 6 cm Maschenweite. An den am stärksten beanspruchten Stellen waren außerdem 10 mm starke Rundeisenstäbe angeordnet.

Geprüft: Am 11. Februar 1893 1²⁵ N.

Dem Feuer ausgesetzt: 1 Stunde.

Temperatur: Für die Decke über 1000° C.,

„ „ Treppe „ 1100° C.

Befund nach dem Brande:

An einzelnen Stellen der Decke hatte sich der Verputz gelöst, sonst war jedoch an der Konstruktion irgend eine Veränderung nicht wahrzunehmen. Auch die Stabilität der Decke hatte durch den Brand nicht gelitten, wie die nachstehende Belastungsprobe ergiebt:

Die Kappe wurde von dem einen Widerlager bis Mitte Scheitel derselben mit 2613 kg pro qm belastet, ohne irgend eine Formänderung, Risse oder dergl. zu zeigen. Von einer weiteren Belastung mußte, mit Rücksicht auf das durch den Brand arg ge= schädigte Gebäude, Abstand genommen werden, da der eventuelle Einsturz der Kappe und die hierdurch bewirkte Erschütterung des Gebäudes für die mit der Belastung be= schäftigten Arbeiter gefährlich werden konnte.

Die Treppe wurde mit 1923 kg pro qm Platte belastet. Es entspricht dies einer auf die Horizontalebene bezogenen Belastung von 2304 kg. Die Treppe zeigte dabei einige Risse des Putzes unter der Platte.

Der Befund der Treppe nach dem Brande war folgender:

Auf der vorderen rechten Seite der großen Bogenöffnung lag, besonders an der Kante, das Geflecht aus Rundeisen stellenweise frei. Es ist jedoch möglich, daß die Cementumhüllung erst infolge des Anspritzens beim Ablöschen losgeplatzt ist. Die Treppe war sonst unversehrt und wie vor dem Brande zu begehen.

c) Ein kleiner selbstständiger Bau aus 7 cm starken Hartgipsdielen, welche von beiden Seiten mit Gipsmörtel geputzt waren. — Vergl. Tafel 1.

Diese „Hartgipsdielen" unterscheiden sich von den unter 5 bereits beschriebenen Mack'schen Gipsdielen dadurch, daß dieselben nicht wie jene an der Luft, sondern auf künstlichem Wege sehr schnell getrocknet werden, wodurch eine bedeutendere Festigkeit der Gipsdielen erzielt werden soll.

Die Decke dieses kleinen Baues bestand zur Hälfte aus Hartgipsdielen, zur Hälfte aus gewöhnlichem Putz auf Rohr und Schalung.

Geprüft: Am 11. Februar 1893 1²⁵ N.

Dem Feuer ausgesetzt: 1 Stunde.

Temperatur: An den Außenwänden   über 1000° C.

Im Inneren des Baues   „   600° C. Das Feuer konnte sich hier, mangels genügender Zuführung von frischer Luft, nur schwer entwickeln. Ein intensiveres Brennen im Inneren erfolgte erst, nachdem die Putzdecke des Baues durchgebrannt und das Feuer um den Bau herum abgelöscht war.

Befund nach dem Brande:

An mehreren Stellen war der Gipsmörtelverputz abgefallen und das dadurch freigelegte Rohr angekohlt. Die Hartgipsdielen zeigten weder Verbiegungen noch sonstige Veränderungen. Das Gleiche gilt von der Decke aus Hartgipsdielen, während der Putz von der gewöhnlichen Schaldecke herabgefallen und die Schalbretter verkohlt bezw. an mehreren Stellen vollständig zerstört waren.

Urtheil des Preisgerichts.

Die nach dem System Monier ausgeführten Konstruktionen haben sich bewährt und müssen diese Konstruktionen als „durchaus feuersicher" bezeichnet werden.

Die sogenannten Hartgipsdielen haben sich ebenfalls gut bewährt, doch war ein besonders hervortretender Unterschied zwischen den Mack'schen Dielen und den Hartgipsdielen nicht bemerkbar.

12. Aktien-Gesellschaft für Asphaltirung und Dachbedeckung vorm. Johannes Jeserich, Berlin SO., Wassergasse 18a.

Die Masse, woraus die sogenannten „Magnesitplatten" hergestellt werden, besteht in der Hauptsache aus gebranntem und pulverisirtem Magnesit. Unter Zuführung von Chlormagnesiumlösung und Sägespänen in genau bestimmten Mengen wird die Masse innig gemischt und in breiartigem Zustande auf Holzplatten geleitet. Die Herstellung der Platten geschieht schichtweise unter Einbringung von weitmaschiger Juteleinwandeinlage. Diese Einlagen gewähren den Platten Elastizität und Widerstandsfähigkeit gegen Bruch, während der obengenannte Zusatz von Sägespänen denselben leichte und bequeme Bearbeitung sichert. Die Platten lassen sich zersägen, leicht bohren und nageln.

Die glatten Wandplatten werden in Größen von 1:1 bis 1:1,5 m und in Stärken von 12,15 und 20 mm hergestellt. Außer glatten Wandplatten, welche sowohl auf Holz- als auch auf Eisengerippe angeschraubt werden können, werden aus diesem Material gegenwärtig bereits profilirte Fenster- und Thürfaschen, Treppenfutterstufen, sowie Dachplatten und Dachfirste hergestellt.

Die Verwendungsart der Magnesitplatten ist eine sehr mannigfaltige. Es sind mit denselben errichtet worden: Villen, Bootshäuser, Comptoirgebäude, Bahnwärterhäuser, Zwischenwände in Wohnhäusern, Geschäfts- und Fabrikräumen ꝛc. ꝛc.

Behufs Erprobung dieses Materials waren ausgeführt:

a) Eine Zwischenwand im II. Stockwerk. — Vergl. Tafel 1. —

Eine bereits vorhandene Bretterwand wurde auf beiden Seiten mit 15 mm starken Magnesitplatten bekleidet und zwar in einer Ausdehnung von 19 qm auf jeder Seite. Die Platten waren auf die Bretterwand aufgeschraubt.

Geprüft: Am 10. Februar 1893, 11 Uhr V.

Dem Feuer ausgesetzt: 1 Stunde 10 Min.

Temperatur: Die Wand wurde auf beiden Seiten gleichzeitig vom Feuer beansprucht. In dem Raume G — vergl. Tafel 1 II. Stockwerk — kam die Temperatur auf über 1000° C., in dem Raume F — ebendaselbst — auf 850 bis 900° C.

Befund nach dem Brande:

In dem Raume G waren die Magnesitplatten zum größten Theile von der Wand abgesprungen, die Bretter lagen frei und waren stark angekohlt, stellenweise sogar ganz weggebrannt. Es geht hieraus hervor, daß die Platten nicht erst beim Anspritzen los= gesprungen sind, sondern bereits durch das Feuer zerstört worden waren.

In dem Raume F hatte sich die Magnesitplatten=Bekleidung dieser Bretterwand bedeutend besser gehalten. Es mag diese Erscheinung ihre Erklärung darin finden, daß in dem Raume F eine geringere Temperatur geherrscht hatte. Dieser Raum war als Wohnzimmer gedacht und eingerichtet; es standen an der zu prüfenden Wand ein Sopha und zwei mit Brennholz angefüllte Spinden. An den Stellen nun, wo diese Möbel gestanden hatten, war auch die Magnesit=Verkleidung der Bretterwand, genau wie auf der anderen Seite, vernichtet, während der übrige Theil der Wand fast un= versehrt geblieben war.

b) Eine gewöhnliche Stubenthür war auf einer Seite — nach dem Raume G zu, vergl. Tafel 1, II. Stockwerk, ebenfalls mit 15 mm starken Magnesit= platten bekleidet worden. Ein Gleiches hatte mit dem Thürrahmen bezw. der Thür= verkleidung stattgefunden.

Geprüft: 10. Februar 1893, 11 Uhr V.

Dem Feuer ausgesetzt: 1 Stunde, 10 Min.

Temperatur: Ueber 1000° C.

Befund nach dem Brande:

Die Magnesitplatten waren in der oberen Hälfte der Thür völlig zerstört, die Thürfüllungen an zwei Stellen durchgebrannt. Das Herausschlagen der Flammen aus der Thür während des Brandes wurde nur durch die auf der anderen Seite der Thür aufgenagelten Eisenblechtafeln verhindert. — Siehe Tafel 12.

c) Ein freiliegender hölzerner Unterzug im Erdgeschoß — vergl. Tafel 1 — wurde in einer Länge von 6,5 m mit 20 mm starken Magnesitplatten umkleidet.

Geprüft: Am 11. Februar 1893, 1²⁵ N.

Dem Feuer ausgesetzt: 1 Stunde.

Temperatur: Ueber 1000° C.

Befund nach dem Brande:

Die Platten waren unbeschädigt; nach Losschlagen einzelner derselben zeigte sich das Holz des Unterzuges vollkommen intakt.

Urtheil des Preisgerichts.

Die 15 mm starken Magnesitplatten haben sich nicht bewährt; dieselben bieten keinen größeren Schutz als gewöhnlicher Rohrputz. Die 20 mm starken Platten dagegen haben sich als ausreichend feuersicher erwiesen.

13. Huber & Comp., Breslau, Neudorfstraße 63.

Zur Prüfung gestellt wurde eine feuersichere Thür nach dem System Monier, Eisengerippe mit Cementumhüllung.

Die Thür war 0,90 m breit, 1,90 m hoch und hatte eine Stärke von 35 mm. Die Thürzarge, aus ⌐-Eisen konstruirt, wird in einen an der Vorderkante der Mauer vorher passend ausgestemmten Falz so eingesetzt, daß die Kanten der Zarge nach beiden Seiten bündig liegen und somit gegen direkte Flammenwirkung geschützt sind. Vergl. Tafel 4.

Geprüft: Am 10. Februar 1893, 3⁴³ N.

Dem Feuer ausgesetzt: 40 Min.

Temperatur: Ueber 1100° C.

Befund nach dem Brande:

Sowohl das ganze Gefüge, als auch der Stoff der Thür zeigten keine Veränderungen. Während des Brandes jedoch konnte beobachtet werden, wie sich die Thür in dem oberen Theile stark abbog und den Flammen das Durchschlagen gestattete.

Zu erwähnen wäre bei dieser Thür noch, daß dieselbe seit Juni 1889 im Freien gestanden hatte und den Einflüssen des Wetters ausgesetzt war, ohne hierdurch indessen irgend welche sichtbaren Beschädigungen erlitten zu haben.

Urtheil des Preisgerichts.

Die Thür hat während des Brandes weder rauch- noch flammensicher geschlossen, da sie sich, namentlich in dem oberen Theile, stark abbog. Der zu der Thür verwandte Stoff — Cementmörtel auf Eisendrahtgeflecht — hat sich dagegen, wie auch nicht anders zu erwarten war, sehr gut bewährt.

Bewerber führt das Abbiegen der Thür auf die nicht vorschriftsmäßig im Falz befestigte Zarge zurück. Die Thüren werden schon seit längerer Zeit in der Weise konstruirt, daß jede Umrahmung (Zarge) fortbleibt und die Thür mittels einfacher Angeln in vertieftem Falz befestigt wird, wodurch kein Eisen, sondern nur die Monier-Konstruktion dem Feuer ausgesetzt ist. Es ist wohl anzunehmen, daß dann der oben erwähnte Uebelstand vermieden wird.

Anmerkung: Bei dem Brande des Treppenhauses wurde diese Thür von der anderen Seite her nochmals in der stärksten Weise beansprucht, wobei die Thür dasselbe Verhalten zeigte. Später wurde die Thür aus dem I. Stockwerk in das Erdgeschoß hinabgestürzt, ohne hierbei eine Beschädigung zu erleiden. Nach dem ganzen Verhalten des Materials dürfte das im Allgemeinen gegen derartige Thüren bestehende Mißtrauen, daß dieselben durch den gewöhnlichen Gebrauch in kürzerer Zeit schadhaft werden, doch erheblich abgeschwächt werden.

14. Deutsche Xylolith= (Steinholz=) Fabrik, Otto Sening & Comp., Potschappel bei Dresden.

Xylolith ist eine unter einem Drucke von $1\frac{1}{2}$ Millionen kg pro qm hergestellte Ver=
bindung von weichen Sägespänen mit Magnesit. Die Herstellung erfolgt in Form
von Platten in Stärke von 6 mm an aufwärts. Xylolith brennt nicht mit heller
Flamme, sondern verkohlt nur bei dauernder Einwirkung großer Hitze. Das Material
läßt sich wie hartes Holz mit Säge, Hobel, Stemmeisen, Löffel= und Centrumbohrer,
Raspel und Feile bearbeiten. Vorwiegend werden die Xylolithplatten zur Herstellung
von Fußböden, dann aber auch zur Verschalung von Decken, für Wandbekleidung und
Dachdeckung, sowie zur schnellen Herstellung ganzer Gebäude, als Schuppen, Ateliers,
Baracken 2c., verwendet.

Aus diesem Material war in dem II. Stock des Versuchsgebäudes — Vergl.
Tafel 1. — auf der Deckenkonstruktion von Mack (siehe Tafel 2) ein Fußboden in
einer Ausdehnung von etwa 50 qm hergestellt worden. Der Fußboden bestand aus
17 mm starken Xylolithplatten, welche auf in Entfernung von 50 cm auseinander=
liegende Lagerhölzer aufgeschraubt waren.

Geprüft: Am 10. Februar 1893, 1 Uhr N.

Dem Feuer ausgesetzt: 20 Min.

Befund nach dem Brande:

Die Xylolithplatten zeigten sich, bis auf einige oberflächlich verkohlte Stellen, un=
versehrt. Die Platten waren hauptsächlich der Einwirkung brennenden Petroleums
ausgesetzt, welches während der Dauer des Versuches aus einem Faß auf den Fuß=
boden floß. Die Platten konnten, auch nach dem Brande, durch Schläge mit einer Axt
nicht zerstört werden. — Vergl. Tafel 12. —

Urtheil des Preisgerichts.

Der Xylolith = Fußboden hat sich gut bewährt. Derselbe ist feuerbeständig und
zugleich gegen Beschädigungen durch Nässe, heftige Stöße u. s. w. ausreichend wider=
standsfähig.

15. Kühlewein, Ingenieur, Berlin, Urbanstraße 103.

Derselbe hatte verschiedene Konstruktionen 2c. in „Asbestcement" zur Prüfung gestellt.

Asbestcement besteht aus kiesel= und kohlensäurehaltigen Rohmaterialien, Graphit,
Asbest und einem Bindemittel. Diese Substanzen werden in trockenem Zustande gut
gemischt und durch Zusatz von Wasser zu einem dicken Brei angerührt, welcher entweder
in Formen zu Platten, Tafeln, Werkstücken, rundbogigen Theilen, Thüren u. s. w.
vergossen und eingestampft, oder als Bekleidungs= und Ummantelungsmaterial wie
Kalk=, Gips= oder Cementmörtel behandelt wird Wird der Asbestcement zu Thüren,
Platten u. s. w. gegossen, so geschieht dies derart, daß in die Form vorher ein verzinktes
Drahtgewebe gespannt wird, so zwar, daß sich dieses in Mitten des gegossenen Objektes
befindet. Die so gegossenen Gegenstände werden nach 8—12 Stunden aus den Formen
genommen und an der Luft getrocknet. Je älter das Material, desto härter und fester
wird es.

Nach diesem System waren ausgeführt:

a) Zwei feuersichere Thüren, von denen die eine Thür im I. Stockwerk, die andere Thür im II. Stockwerk, zum Abschluß der Räume D₁ und L nach dem Treppenhause, angebracht waren. Beide Thüren waren bereits im Jahre 1889 auf Grund des Preisausschreibens angefertigt worden. Beide Thüren zeigten bei gleicher Konstruktion auch dieselben Maße, nämlich eine Breite von 1,08 und eine Höhe von 1,86 m bei einer Stärke von 35 mm. Die Thüren lagen nicht in Falzen, sondern legten sich gegen die Mauer und überdeckten die Thüröffnung um mehrere Centimeter. Diese Befestigung der Thüren war nur eine provisorische; Herr Kühlewein hatte sich erst im letzten Augenblick gemeldet, sodaß es an Zeit zur ordnungsmäßigen Anbringung der Thüren fehlte. Die Thüren waren verhältnißmäßig leicht und gut gangbar; dieselben bestanden aus einem eisernen Rahmen, in welchen eine der vorstehend beschriebenen Platten mit Drahtgewebe gespannt war. Versteift waren die Thüren mittels zweier über die ganze Breite der Thür reichenden Thürbänder und zweier dazwischen liegenden gekreuzten Bandeisen. — Vergl. Tafel 1.

Geprüft: Thür im I. Stock am 10. Februar 1893,   3⁴³ N.

　　　　　„　„ II. „ 　„ 　„ 　„   10⁴³ V.

Dem Feuer ausgesetzt:

Thür im I. Stock 40 Min.

　　　„ 　„ II. „ 　1 Stunde

Temperatur:

Für die Thür im I. Stock über 1000° C.

　　　„ 　„ 　„ 　„ II. „ 　„ 　900° C.

Befund nach dem Brande:

Die Thür im I. Stockwerk hatte sich während des Brandes genau wie die Monier-Thür oben abgebogen. Der Asbestcement zeigte auf der Feuerseite mehrere allerdings nur oberflächliche Risse; die als Versteifung dienenden Bandeisen hatten sich verzogen, sonst war weder an dem Gefüge noch an dem Material der Thür irgend eine Veränderung wahrzunehmen.

Die Thür im II. Stockwerk hatte sich nicht abgebogen, sie zeigte nach dem Brande außer einigen oberflächlichen Rissen im Asbestcement keinerlei Veränderung und war noch gut gangbar.

Beide Thüren waren bei dem Brande des Treppenhauses von der anderen Seite her nochmals der stärksten, bei den Brennproben überhaupt ermittelten Temperatur (zwischen 1200 und 1300° C.) ausgesetzt, ohne nachher im Gefüge oder Material eine weitere Veränderung zu zeigen. — Siehe Tafel 12.

b) Feuersichere Ummantelung eines eisernen Trägers und einer eisernen bezw. hölzernen Säule im Erdgeschoß mittels Asbestcement. — Vergl. Tafel 1.

Die Ummantelung war in folgender Weise zur Ausführung gelangt. Die zu schützenden Konstruktionstheile waren zunächst mittels Drahtgeflecht direkt mit der Asbestcementmasse umgeben, dann folgte eine Luftisolirschicht von 3,5 cm Stärke und

sodann wieder eine Asbestcement=Umhüllung auf Drahtgeflecht. Diese letztere Um=
hüllung war in folgender Weise hergestellt: Die Säulen 2c. waren in einem Abstande
von 5 cm mit Ringen oder Stegen aus Bandeisen umgeben, welche 1 m in der Höhe
auseinander lagen. Ueber diese Ringe war gewöhnliche Pappe gespannt; in einem
Abstande von 10 mm von dieser Papphülle war ein Drahtgeflecht angebracht und dieses
dann mit dem Asbest=Cement, gleichwie mit jedem gewöhnlichen Mörtel, verputzt
worden. Diese zweite Umhüllung hatte eine Stärke von 2 cm; die Papphülle hatte
nur den Zweck, zu verhindern, daß bei dem Bewerfen des Drahtgeflechts der breiige
Asbestcement die Luftisolirschicht verenge oder an einzelnen Stellen ganz ausfülle.

Geprüft: Am 11. Februar 1893. 1²⁵ N.

Dem Feuer ausgesetzt: 1 Stunde.

Temperatur: Ueber 1000° C.

Befund nach dem Brande:

Aeußerlich war an den Ummantelungen aus Asbestcement auch nicht die geringste
Veränderung wahrzunehmen. Es machte erhebliche Schwierigkeiten, den Eisen= bezw.
Holzkern mit der Axt frei zu legen. Die mittels Asbestcement geschützten Konstruktions=
theile zeigten sich vollkommen unversehrt. — Siehe Tafel 13.

c. Eine Bretterwand im Erdgeschoß, auf der Treppenhausseite mit
Asbestcementplatten bekleidet, auf der anderen Seite mit einem feuer=
sicheren Anstrich versehen.

Die Asbestcementplatten waren, wie vorstehend beschrieben, unter Verwendung von
Drahtgeflechteinlage hergestellt und in fertigem Zustande auf die bereits vorhandene
Bretterwand aufgenagelt worden, während die Fugen mit Asbestcement verstrichen
wurden. Bemerkenswerth hierbei ist noch, daß die fragliche Wand erst in der Nacht
vom 8. zum 9. Februar fertig gestellt werden konnte. Der Anstrich der anderen Seite
der Wand erfolgte am Nachmittage des 8. Februar mit einer sogenannten feuer=
sicheren Asbestfarbe.

Geprüft: a) Die mit Asbestcement bekleidete Seite am 11. Februar 1893, 12¹⁰ N.
        b.) Die mit feuersicherer Farbe gestrichene Seite am 11. Februar 1893,
        1²⁵ N.

Dem Feuer ausgesetzt: zu a. 30 Min.
        zu b. 1 Stunde.

Temperatur: zu a. über 1000° C.
        zu b. über 900° C.

Befund nach dem Brande:

Zu a. Die Asbestcementplatten hatten die Gluth des im Treppenhause wüthenden
Brandes ausgehalten, ohne irgend eine Veränderung zu zeigen. Die Bretterwand zeigte
auf der anderen Seite weder eine nennenswerthe Erwärmung, noch drang durch dieselbe
an irgend einer Stelle Rauch hindurch.

Zu b. Die Bretterwand brannte wohl anscheinend etwas schwerer an, doch konnte
der feuersichere Anstrich die fast vollständige Zerstörung der Wand nicht verhindern.
Dieselbe fiel bei den Ablöschungsarbeiten in den Raum T hinein.

Trotzdem nun auf der an der Erde liegenden Wand viel herumgetreten wurde, behielten die Asbestcementplatten doch noch eine bemerkenswerthe Festigkeit.

d. Feuersicher imprägnirte Stoffe, wie Gardinen 2c.

Derartige Stoffe waren in dem als Schlafzimmer eingerichteten Raume E — vergl. Tafel 1 — angebracht worden. Das Verhalten dieser Stoffe in den ersten Stadien des Brandes konnte wegen der Lage des Raumes E nicht beobachtet werden. Nach erfolgter Ablöschung dieses Raumes wurde von den Stoffen keine Spur vorgefunden.

Urtheil des Preisgerichts.

Der „Asbestcement" hat sich in den verschiedensten Anwendungen bewährt und müssen die mit diesem Material hergestellten Konstruktionen 2c. als „durchaus feuer=sicher" bezeichnet werden.

Das weniger günstige Resultat bei der Thür im I. Stockwerk ist höchstwahr=scheinlich auf die besonders mangelhafte Befestigung derselben zurückzuführen. Die Thür war während des Brandes aufgegangen und mußte dieselbe mittels Draht provi=sorisch zugehalten bezw. befestigt werden.

Der feuersichere Anstrich, sowie die feuersicher imprägnirten Stoffe haben sich da=gegen, wie dies auch in Anbetracht der hohen Temperaturen kaum anders zu erwarten war, nicht bewährt. Der Zweck, Holz mit feuersicheren Farben zu streichen, Stoffe feuer=sicher zu imprägniren 2c. ist nur der, diese Gegenstände entweder schwerer entflammbar oder, namentlich Stoffe, unentflammbar zu machen. Diese Eigenschaften können nur bei „entstehenden" Bränden wirksam in die Erscheinung treten, nicht aber bei bereits entwickelten, intensiven Bränden, wie solche die Prüfung feuersicherer „Baukonstruk=tionen" nothwendig machten.

Anmerkung. Die beiden Thüren, die beiden ummantelten Säulen und die Asbestcementplatten zur Bekleidung der Holzwand waren bereits im Jahre 1889 z. B. der Unfallverhütungs=Ausstellung fertig gestellt worden. Dieselben sollen während dieser ganzen Zeit ohne besondere Pflege und Rücksicht im Freien aufbewahrt gewesen sein.

16. Jean Violet, Hof=Schlossermeister, Berlin W., Kronenstraße 3.

Eine feuersichere Thür. — Vergl. Tafeln 1 u. 2 —

Dieselbe ist durch Gebrauchsmuster Nr. 590 geschützt und wie folgt konstruirt: Die Zarge, welche die geschlossene Thür aufnimmt, bestand aus einem Rahmen aus ⌐=Eisen und war in der bekannten Weise im Mauerwerk befestigt. An dieser Zarge war, mittels versetzter Bänder, welche ein selbstthätiges Zuschlagen der Thür bewirken sollten, diese selbst befestigt. Der Thürrahmen bestand aus einem starken ⊏=Eisen, welches an den vier Ecken auf Gehrung, d. h. in Winkeln von 45° abgeschnitten war. In diesem Rahmen befand sich eine doppelte, gekreuzte Lage von Holzlatten, welche auf beiden Seiten der Thür durch aufgeschraubte Eisenplatten gegen Entzündung ge=schützt waren. Die einzelnen Latten lagen etwa 1 cm auseinander.

Die Thür war 0,76 m breit, 1,86 m hoch und hatte eine Stärke von 3 cm.

Geprüft: Am 10. Februar 1893, 3⁴³ N.

Dem Feuer ausgesetzt: 50 Minuten.

Temperatur: Ueber 1000° C.

Befund nach dem Brande:

Das Verhalten der Thür konnte sowohl von dem Treppenhause als auch vom Hofe aus besonders gut beobachtet werden. Schon nach wenigen Minuten drang aus den Fugen zwischen dem ⊏-Eisen und den aufgeschraubten Eisenplatten starker Rauch hervor, welcher in dem Maße, in welchem das Holz zwischen den Eisenplatten verkohlte, nach= ließ. Nach 40 Minuten schlugen an diesen Stellen die Flammen heraus. Die Eisen= platten hatten sich stark geworfen, sonst war die Thür jedoch in der äußeren Form unverändert und namentlich noch gut gangbar. — Siehe Tafel 12. —

Am 11. Februar cr. wurde die Thür bei dem Brande des Treppenhauses noch= mals in verstärktem Maße beansprucht. Die Thür war auch dann noch in der Form unverändert und gut gangbar.

Urtheil des Preisgerichts.

Die Thür hat sich nicht bewährt, da dieselbe weder rauch= noch feuersicher schloß. Lobend hervorzuheben indessen ist die handliche Bauart der Thür und die gute Gang= barkeit derselben nach dem Brande. Der letztere Umstand dürfte auf den starken Rahmen der Thür aus ⊏-Eisen, welcher dem Drucke der sich werfenden Eisenplatten wider= stand, zurückzuführen sein. Der Mißerfolg, welchen die Thür gehabt hat, ist sehr wahrscheinlich nur in der Wahl bezw. Anordnung des Füllmaterials, nämlich der sich kreuzenden Holzlatten mit Zwischenräumen, zu suchen. Das Preisgericht bezweifelt jedoch nicht, daß diese Thür noch eine Zukunft hat und sich bei einer zweiten Probe bewähren wird, wenn der Konstrukteur derselben den Raum zwischen beiden Eisenplatten entweder mit einer glattgehobelten Holzplatte, unter Vermeidung jeden Hohlraumes, oder mit unentflammbaren Materialien, wie Korkstein, Magnesitplatten, Xylolithplatten 2c., unter Wahrung der größtmöglichsten Leichtigkeit, ausfüllt.

17. Grünzweig & Hartmann in Ludwigshafen a. Rh.
Vertreter: Ingenieur Brandt, Berlin NW., Calvinstraße 5.

Die genannte Firma stellt sogenannte „Korksteine" her. Das Grundmaterial dieser Steine sind die Abfälle von Kork, wie sie sich bei der Verarbeitung desselben zu mancherlei technischen Zwecken ergeben. Diese Abfälle, in etwa Erbsengröße, werden mit einem Bindemittel, welches aus Luftkalk und Thon besteht, so weit gemischt, daß die einzelnen Theilchen gut von dem Bindemittel eingehüllt sind, sodann in Pressen auf geeignete Form gebracht und schließlich getrocknet. Es ergiebt sich so ein poröser, den rheinischen Schwemmsteinen ähnlicher Körper mit dem specifischen Gewicht von 0,28. Außer diesem Vorzuge eines sehr geringen Gewichtes zeichnet sich dieses Material noch dadurch aus, daß es innerhalb gewisser maximaler Grenzen in beliebigen Formen, Stärken 2c. hergestellt und sowohl gesägt, als auch mit Nägeln befestigt werden kann. Die Korksteine nehmen ferner Mörtel und Putz sehr gut an, bilden ein aus= gezeichnetes Isolirmittel und sind relativ unverbrennlich. Diese Eigenschaften gestatten die vielseitigste Verwendung dieses Materials. Behufs Prüfung der Steine waren ausgeführt:

a) Eine feuersichere Thür. — Vergl. Tafeln 1 u. 2, Dachgeschoß.

Die Thür war hergestellt aus 4 cm starken Korksteinplatten in einem 5 cm breiten eisernen Rahmen. Die Platten waren auf der dem Feuer ausgesetzten Seite durch Eisenblech, auf der anderen Seite durch gewöhnlichen Mörtelverputz geschützt. Die Thür wurde ohne Zarge erst am 8. Februar Nachmittags in den von Stolte hergestellten Brandgiebel aus Cementdielen eingesetzt. Vorweg sei hier bemerkt, daß sich der Vertreter der obigen Firma, infolge einer Zeitungsnotiz über die zu veranstaltenden Brennproben, ebenfalls erst im letzten Augenblicke gemeldet hatte, weshalb das Einbauen 2c. der Konstruktionen mit Korksteinen etwas übereilt werden mußte.

Geprüft: Am 9. Februar 1893, 12 Uhr Mittags.

Dem Feuer ausgesetzt: 2 Stunden. — Vergl. an dieser Stelle unter 3 d.

Temperatur: Zwischen 950 und 1000° C.

Befund nach dem Brande:

Der Verputz zeigte einige Risse. Die Korksteine waren auf der Feuerseite bis zu einer Tiefe von etwa 1,5 cm verkohlt. Nach Abschaben der verkohlten Masse zeigte sich ein unversehrter Kern von 2,5 cm Stärke. Infolge der vorstehend unter 3 d bereits näher geschilderten Umstände bei dem Brande des Dachraumes B mußte die Thür wieder= holt geöffnet werden, bei welcher Gelegenheit sich nach Ablauf einer Stunde das untere in der Stolte'schen Cementdielenwand nur mangelhaft befestigte Aufsatzband loslöste. Von da ab konnte die Thür nur noch zum Schutze gegen die Hitze vor die Thür= öffnung gelehnt werden.

Später, bei dem Brande der Bodenkammer (18), wurde die Thür mit der Eisen= blechseite auf einen Holzstoß gelegt. Auch nach dieser starken Inanspruchnahme zeigte sich das ganze Gefüge der Thür noch gut erhalten. Der Mörtelputz war stellenweise losgefallen, die Korksteine zeigten sich hier völlig durchglüht, hatten jedoch immer noch ihren Zusammenhang bewahrt.

b) Eine Mansarden=Auskleidung. — Vergl. Tafeln 1 u. 2.

Zwei Sparrenfelder in der Bodenkammer (18) waren mit 4 cm starken Korkstein= platten ausgekleidet und die Unteransicht der Platten mit Mörtel verputzt.

Geprüft: Am 9. Februar 1893, 5 Uhr N.

Dem Feuer ausgesetzt: 17 Min.

Temperatur: Ueber 900° C.

Befund nach dem Brande:

Der Verputz war heruntergefallen, die Oberfläche der Korksteinplatten war stark verkohlt. In 2 cm Tiefe zeigte sich jedoch das Material unversehrt.

c) Eine unbelastete Zwischenwand im Erdgeschoß. — Vergl. Tafel 1. —

Die Wand war aus 6 cm starken Korksteinplatten mit beiderseitigem Mörtelputz in einer Ausdehnung von 8 qm ohne Verwendung von Eisen 2c frei aufgeführt worden

Geprüft: Am 11. Februar 1893, 1²⁵ N.

Dem Feuer ausgesetzt: 1 Stunde.

Temperatur: Ueber 1000° C.

Befund nach dem Brande:

Die Räume R und S wurden gleichzeitig in Brand gesetzt. Die Korksteinwand war also von beiden Seiten zugleich in Anspruch genommen worden. Namentlich in den oberen Theilen der Wand war der Verputz gänzlich heruntergefallen. Die Korkstein=platten zeigten sich auf beiden Seiten stark verkohlt; an mehreren der vom Putz ent=blößten Stellen konnte man die Korksteinschicht, ohne Anwendung von Gewalt, mit einem Holzstäbchen durchstoßen. In dem unteren Theile zeigten sich die Korksteinplatten im Innern auf ca. 3 cm noch gut erhalten. Die Wand stand nach dem Brande in ihrem Gefüge unverändert da, hatte also ihre Tragfähigkeit in sich behalten.

Urtheil des Preisgerichts.

Die Korksteine haben sich bewährt. Das Material muß als „durchaus feuer=sicher" bezeichnet werden; dasselbe brennt nicht mit heller Flamme, sondern schwelt nur und zwar auch nur an den von dem Feuer getroffenen Stellen. Das Schwelen hört sofort auf, sobald das Feuer auf die Masse nicht mehr einwirkt. Eine Weiterverbreitung des Feuers durch die Korksteine ist also vollständig ausgeschlossen. Werden die Kork=steine durch Eisenblech, Putz 2c. nicht geschützt, so tritt bei andauernder Einwirkung einer hohen Temperatur allmählig eine vollständige Verkohlung der Platten ein. Aber auch in diesem Zustande bewahren die Platten noch eine bemerkenswerthe Festigkeit. Eine vollständige Zerstörung derartiger mit Korksteinen ausgeführter Baukonstruktionen, wie ununterstützter Wände, Mansarden=Auskleidungen 2c., kann nur auf mechanischem Wege erreicht werden oder durch Temperaturen, wie solche bei einem Schadenfeuer wohl kaum erreicht werden dürften. Ein großer Vortheil dieses Materials besteht schließlich noch darin, daß bezügl. des zu demselben verwendeten Grundmaterials, des Korkes, eine Täuschung nicht leicht wird bewirkt werden können.

18. Fretzdorff & Comp., Berlin SW., Solmsstraße 38.
Chemische Fabrik für feuersichere Asbestfarben 2c.

Eine Bretterwand und ein Lattenverschlag auf dem Boden waren mit feuersicherer Asbestfarbe gestrichen, jedoch mehrere Bretter und Latten dazwischen in ihrem ursprünglichen Zustande, d. h. ohne Anstrich belassen, um die Wirkung des Anstrichs besser beurtheilen zu können. — Vergl. Tafel 1.

Es muß auch hier wieder vorausgeschickt werden, daß der Anstrich infolge sehr später Anmeldung erst unmittelbar vor Beginn der Brennproben ausgeführt werden konnte, also noch ganz frisch war. Nach Ansicht der Firma widersteht der Anstrich im vollkommen trockenen Zustande dem Feuer bedeutend besser.

Geprüft: Am 9. Februar 1893, 5 Uhr N.

Dem Feuer ausgesetzt: 17 Min.

Temperatur: Zwischen 850 und 950° C.

Befund nach dem Brande:

Außer einigen Bretter= und Lattenresten wurde von den Versuchsobjekten nichts vorgefunden. 12 Minuten hindurch konnte jedoch das Verhalten der Versuchsobjekte von einer Einsteigeöffnung des Daches aus beobachtet werden. Nach dieser Zeit mußte der Beobachtungsplatz wegen zunehmender Hitze verlassen werden, doch standen in diesem

Augenblicke die Bretterwand und der Lattenverschlag, wenn auch über und über brennend, noch aufrecht an ihren Plätzen. In den ersten Stadien des Brandes konnte auch beobachtet werden, wie die angestrichenen Holztheile schwerer entflammten, als die nicht angestrichenen. Die gänzliche Zerstörung der Versuchsobjekte ist höchstwahrscheinlich erst bei den Ablöschungs= und Aufräumungsarbeiten erfolgt.

Urtheil des Preisgerichts.

Mit Rücksicht auf die Frische des Anstrichs läßt sich über die Asbestfarben ein Urtheil nicht geben, nur so viel ist erwiesen, daß das mit den Farben angestrichene Holz langsamer in Brand geräth, als das nicht gestrichene. Im Uebrigen kann hier nur nochmals auf das unter 15 bezüglich des feuersicheren Anstrichs Gesagte verwiesen werden.

19. Carl Ade, Geldschrankfabrikant, Berlin N., Demminerstraße 7.

Bewerber, welcher sich erst wenige Tage vor Beginn der Brennproben gemeldet hatte, beabsichtigte, eine feuersichere Thür nach dem System seiner Geldschrankthüren herzustellen und einzubauen. Die Thür konnte jedoch nicht mehr fertig gestellt werden, weshalb in einer Fensternische des Erdgeschosses ein Geldschrank aufgestellt wurde, dessen Thür und Wände mit einer Isolirmasse, „Lescha" genannt, ausgefüllt waren. In Gegenwart eines Mitgliedes des Preisgerichts wurden vor Beginn der Brennprobe in dem Schranke verschlossen: Eine vorher aufgezogene Taschenuhr, Bücher, Kataloge, geschriebene Urkunden, Pflanzensamen 2c.

Geprüft: Am 11. Februar 1893, 1²⁵ N.

Dem Feuer ausgesetzt: 1 Stunde.

Befund nach dem Brande:

Der Schrank wurde erst nach vollständiger Abkühlung geöffnet, da bei sofortiger Oeffnung desselben vielleicht der Inhalt durch den Hinzutritt von Luft zerstört werden konnte. Die Oeffnung des Schrankes erfolgte am 13. Februar, Mittags, ebenfalls in Gegenwart eines Mitgliedes des Preisgerichts und ergab, daß alle in dem Schranke befindlichen Gegenstände unversehrt geblieben waren. Die Uhr, welche abgelaufen war, wurde wieder aufgezogen und ging gut. Das zu den Urkunden verwendete weiße Papier hatte einen gelblichen Ton angenommen, die Schrift war jedoch unverändert. Bemerkt sei noch, daß das Oeffnen des Schrankes erst nach längeren Bemühungen gelang und daß in den Schrank etwas Spritzwasser eingedrungen war.

Urtheil des Preisgerichts.

Der Geldschrank hat dem Feuer gut widerstanden. Bei der Prämiirung konnte derselbe jedoch nicht berücksichtigt werden, da die Proben sich nur auf feuersichere Baukonstruktionen bezogen.

Unter dem 23. Februar 1893 ging von dem Bewerber der unter 7 beschriebenen Konstruktionen nachstehendes Schreiben ein:

Eingeschr. Origin.   Berlin, den 23. Februar 189..

An den Vorsitzenden des Preisgerichts für die Verbrennungsproben

Herrn Branddirektor Stude

Hochwohlgeboren   Hier.

Einige einleitende Worte, sodann wörtlich:

„Die von mir zum Versuch eingebauten Gegenstände, eine Wohnzimmerdecke und eine Trennwand, haben mit meinem Bausystem (Isothermal = System) nur das gemein, daß sie von mir geliefert wurden, d. h. von dem Inhaber der Bauanstalt „Isothermal" und zwar nicht etwa zur Verwendung im Isothermal=System, sondern bei massiven Steinbauten als oberste, gegen Durchbrennen vom Bodenraum nach der oberen bewohnbaren Etage, schützende Decke; während die Wand lediglich dazu bestimmt sein sollte, die sogenannten Rabitzwände zu ersetzen.

Zum Beweise dafür, daß eine Uebereinstimmung meines Bausystems mit den Versuchskonstruktionen nicht besteht, füge ich einen Prospekt bei mit dem Bemerken, daß ein Modell meiner Isothermal=Konstruktion im Restaurant Schweitzberger, nicht aber im Verbrennungsgebäude vorhanden war.

Zu der Decke behaupte ich, daß sie bei normaler Bautemperatur hergestellt (der Putz war nicht angetrocknet, sondern angefroren resp. zerfroren) sowie bei geringerer Vergewaltigung des Verbrennungsobjektes, durchaus brauchbar ist, wie ich das nachzuweisen noch Gelegenheit nehmen werde. Dasselbe gilt von der Wand, die vollkommen zerfroren, also absolut widerstandsunfähig war, ein Umstand, der dem Kenner des Materials (Kieselguhr und Natronwasserglas) auch klar ist.

Eine im Parterre befindliche und mir als Ausstellungsobjekt angedichtete Wand, habe ich zwar schon mündlich abzuweisen versucht, ich thue es hiermit auch nochmals schriftlich.

Indem ich hiermit höflichst ersuche, von meinen Richtigstellungen in Ihrem geschätzten General= oder Hauptbericht Notiz zu nehmen, zeichne ich

hochachtungsvollst

I. Heilemann, Friedrichstraße 240.

Hierzu wird Folgendes bemerkt:

1. Eine unter dem 10. Dezember 1892 beim Preisgericht eingegangene Erläuterung des Herrn Ingenieurs Heilemann über seine zur Prüfung gestellte Deckenkonstruktion, welche in Urschrift bei den Akten über die Brennproben sich befindet, lautet wörtlich:

(Firmenstempel)   Berlin, den 10. Dezember 1892.

Nr. 832

Zu der Verbrennungsprobe in der Köpenickerstraße.

An die hiesige Feuerwehrdirektion z. H. dem Herrn Brandinspektor Reichel.

Erläuterung zu der Zeichnung „Deckenkonstruktion nach dem Isothermal=System."

Die Deckenträger gehen bei dieser Konstruktion vom Deckenputz zum Fußboden nicht hindurch, wie das bis jetzt stets der Fall ist, sondern sie sind abwechselnd so ein=

gelagert, daß die eine Hälfte der Träger Deckenträger, und die andere Hälfte Fuß=
bodenträger sind, während sie doch wiederum gemeinschaftlich an der Gesammtlast
gleichen Theil nehmen. Durch diese Anordnung soll das Hindurchleiten sowohl des
Schalles, wie auch der Wärme verhindert werden.

Es liegt dieser Konstruktion einfach das Prinzip der Vertheilung der Zerstörungs=
einflüsse zugrunde, resp. die Isolation gegen Hindurchleitung.

Eine gewisse Feuersicherheit kann bekanntlich auf verschiedene Konstruktionsweisen
erreicht werden, namentlich durch Eisen und Stein. Diese Art der Deckenkonstruktion
muß aber auf Keller=, Lager=, Speicher= und Stallräume beschränkt bleiben, mit Rücksicht
auf Gesundheitsschädlichkeit. Für Wohnräume müssen vielmehr vorwiegend schlechte
Wärmeleiter als Baumaterial Verwendung finden, resp. solche Materialien, die der
Hervorbringung krasser Temperaturveränderungen entgegenwirken. Wie aus der Zeich=
nung ersichtlich, ist Kieselguhr (ein mineralisch=unorganischer Faserstoff) — der schlechteste
Wärmeleiter überhaupt — neben vegetabilischen Isolirstoffen als Schüttung und Isola=
tionsmittel vorwiegend verwendet. Solche Decke ist die spezifisch denkbar leichteste, sie
wiegt bei einer freitragenden Länge bis zu 6 m ca. 75 kg pro qm. Die an die Decke
angehängte Wand enthält Drahtgewebeeinlage und ist gleichfalls aus Kieselguhr=Estrich
hergestellt, somit gleichfalls unverbrennlich.

Hochachtungsvoll und ergebenst
J. Heilemann.

2. Die dem vorstehenden Erläuterungsbericht beigegebene Zeichnung — vergl.
Tafel 3 — trägt in großen Buchstaben die Ueberschrift:

„Deckenkonstruktion nach dem Isothermalsystem."

3. Es ist richtig, daß während der Bauzeit wiederholt starkes Frostwetter eintrat,
worunter jedoch alle Bewerber zu leiden hatten. Dieses Umstandes ist auch bereits in
den allgemeinen Vorbemerkungen, Seite 5, und in dem Urtheile des Preisgerichts,
Seite 22, Erwähnung geschehen.

4. Die dem Herrn Ingenieur Heilemann „angedichtete" Wand im Erdgeschoß
neben der Moniertreppe hat dem Feuer gut widerstanden; der Verputz derselben löste
sich erst an mehreren Stellen von dem Drahtgeflecht los, als beim Ablöschen des
Treppenraumes S (Moniertreppe) der Wasserstrahl die Wand traf. In dem Berichte
wurde dieser Wand keine Erwähnung gethan, weil Herr Heilemann dieselbe „schon
mündlich abzuweisen versucht hatte".

5. Aus dem der „Richtigstellung" des Herrn Heilemann beigefügten „Prospekt"
der Bauanstalt „Isothermal" ist mangels einer Beschreibung bezw. einer genaueren
Zeichnung der Deckenkonstruktion (Schnitt durch mehrere nebeneinander liegende
Deckenträger) ein Urtheil über die Verschiedenartigkeit der zur Prüfung gestellten Decken=
konstruktion und der Deckenkonstruktionen nach dem Isothermal=System nicht möglich.

III. Die Preis-Vertheilung.

Unmittelbar nach Beendigung der Brennproben trat das Preisgericht behufs Ver=
theilung der Preise zu einer Sitzung zusammen. Ein Auszug aus dem Protokoll über
diese Sitzung wird nachstehend bekannt gegeben.

Verhandelt,

Berlin, den 11. Februar 1893.

Anwesend waren die Herren:

1. Dittmann, Branddirektor, Bremen,
2. Greiner, Ingenieur, Belgern,
3. Knoblauch, Direktor, Berlin,
4. Nauwerk, Direktor, Berlin,
5. Reichel, Brandinspektor, Berlin,
6. Reinhardt, Brandinspektor, Berlin,
7. Schreiber, Architekt, Berlin,
8. Springorum, Generaldirektor, Elberfeld,
9. Stude, Branddirektor, Berlin,
10. Tschmarke, Generaldirektor, Magdeburg.

Es fehlt:

11. Cramer, Ingenteur, Berlin.

———

I. Zunächst gelangen die bezüglichen Bestimmungen des im Jahre 1889 von dem
Vorstande der Deutschen Allgemeinen Ausstellung für Unfallverhütung erlassenen Preis=
ausschreibens zur Verlesung. Dieselben lauten unter:

B. Einrichtungen und Konstruktionen, welche geeignet sind, einen
entstehenden Brand einzuschränken:

6. feuerbeständiger Fußbodenbelag, der in Etagen mit hölzernen Balken und
Dielenboden angelegt werden kann und zugleich gegen Beschädigungen durch Nässe,
heftige Stöße 2c. ausreichend widerstandsfähig ist;

7. feuerbeständige Thüren;

8. feuersichere Baukonstruktionen in anderem Material als in Stein ausgeführt,
mit welchen feuersichere Räume auch in bereits stehenden Gebäuden hergestellt werden
können;

9. Schutzmittel für Eisenkonstruktionen (Träger und Pfeiler), welche diese im Falle
eines Brandes vor der Einwirkung der Gluth schützen und deren Anbringung auch in
bereits vorhandenen Gebäuden möglich ist.

Die ernannten Preisrichter werden unter den zur Preisbewerbung gestellten Ein=
richtungen und Konstruktionen nach Majoritätsbeschluß diejenigen bezeichnen, welche
der gestellten Aufgabe am Besten entsprechen und darnach die ad 6 und 7 auf je 900 M.
und ad 8 und 9 auf je 1500 M. festgesetzten Prämien zuerkennen.

Dem Ermessen der Preisrichter bleibt es aber auch überlassen, ob sie bei gleich guten Leistungen die für eine Kategorie festgesetzten Prämien unter mehrere Bewerber theilen wollen.

II. Es herrscht Einstimmigkeit darüber, daß nur diejenigen Bewerber, welche sich s. Z. in Folge des Preisausschreibens, also im Jahre 1889 gemeldet hatten, um die in demselben festgesetzten Geldprämien konkurriren können. Es sind dies die nachstehenden Firmen:

1. Aktien-Gesellschaft für Monierbauten, Berlin,
2. J. Heilemann, Ingenieur, Berlin,
3. Huber & Comp., Cement-Baugeschäft, Breslau,
4. A. & D. Mack, Gipsdielen-Fabrik, Ludwigsburg und
5. C. Schubert, Zimmermeister, Breslau.

Diejenigen Bewerber dagegen, welche sich erst nachträglich zur Theilnahme an den Brennproben gemeldet haben, sollen ev. durch Verleihung von „Diplomen" bezw. durch die Ertheilung „lobender Anerkennungen" ausgezeichnet werden.

Die Diplome sind den Geldpreisen als gleichwerthig zu erachten; eine Abstufung der Preise unter sich, sowie eine öffentliche Bekanntgabe der Höhe der ertheilten Geldpreise soll nicht stattfinden.

III. Auf Grund der an Ort und Stelle durch die Preisrichter sowohl während als auch nach Beendigung der einzelnen Brennproben angestellten Erhebungen bezüglich des Verhaltens der verschiedenen Konstruktionen 2c., welche in einem offiziellen Bericht über den Verlauf der Brennproben ausführlich dargelegt werden sollen*), wurden einstimmig folgende Bewerber mit Preisen 2c. bedacht:

A. Geldpreise.

1. Aktien-Gesellschaft für Monierbauten, vorm. G. A. Wayß & Comp., Berlin, für vorzügliche Leistungen zu B. 8 und 9 des Preisausschreibens,
2. A. & D. Mack, Gipsdielen-Fabrik, Ludwigsburg, desgl. zu B. 6, 8 und 9,
3. C. Schubert, Zimmermeister, Breslau, desgl. zu B. 6 und 8.

B. Diplome.

4. Aktien-Gesellschaft für Glas-Industrie, vorm. Friedrich Siemens in Dresden, desgl. zu B. 8,
5. Asphalt-Werk Franz Wigankow, Berlin-Martinikenfelde, desgl. zu B. 8,
6. Deutsche Xylolith- (Steinholz-) Fabrik, Otto Sening & Comp., Potschappel bei Dresden, desgl. zu B. 6,
7. Grünzweig & Hartmann in Ludwigshafen a./Rh., desgl. zu B. 7 und 8,
8. Kühlewein, Ingenieur, Berlin, desgl. zu B. 7, 8 und 9,
9. G. A. L. Schultz & Comp., Berlin, desgl. zu B. 8,
10. P. Stolte in Genthin, desgl. zu B. 8 und 9.

---

*) Ist mit dieser Veröffentlichung erledigt.

C. Lobende Anerkennung.

11. Aktien-Gesellschaft für Asphaltirung und Dachbedeckung vorm. Johannes Jeserich, Berlin, für die zur Prüfung gestellten 20 mm starken Magnesitplatten.

12. Jean Violet, Hof-Schlossermeister, Berlin.

IV. 2c.

Geschlossen.

Für die Richtigkeit:

<table>
<tr><td>Der Vorsitzende:</td><td>Der Schriftführer:</td></tr>
<tr><td>Stude,</td><td>Reichel,</td></tr>
<tr><td>Branddirektor.</td><td>Brandinspektor.</td></tr>
</table>

Additional material from *Bericht über die am 9., 10. und 11. Februar 1893 in Berlin vorgenommenen Prüfungen feuersicherer Baukonstruktionen,*

ISBN 978-3-662-39167-9, is available at http://extras.springer.com

Total-Ansicht des Versuchs-Gebäudes.

(Vor dem Brande.)

Verlag von Julius Springer in Berlin N.

Brand des Droguenlagers $(Q. Q_1.)$

Verlag von Julius Springer in Berlin N.

11b. Aktiengesellschaft für Monierbauten. Treppe in S.
(Nach dem Brande.)

Verlag von Julius Springer in Berlin N.

10. G. A. L. Schultz & Comp.   Treppe im I. Stockwerk.
(Nach dem Brande.)

Verlag von Julius Springer in Berlin N.

10. G. A. L. Schultz & Comp. Treppe im II. Stockwerk.
(Nach dem Brande.)

7. Bau-Isothermal-Anstalt, J. F. Hellemann. Decken-Konstruktion.
Nach dem Brande.

Verlag von Julius Springer in Berlin N.

4. Aktiengesellschaft für Glasindustrie, vorm. Fr. Siemens in Dresden.

(Die Platten b, c und c' wurden erst nach dem Brande infolge der mit denselben angestellten Versuche beschädigt.)

Verlag von Julius Springer in Berlin N.

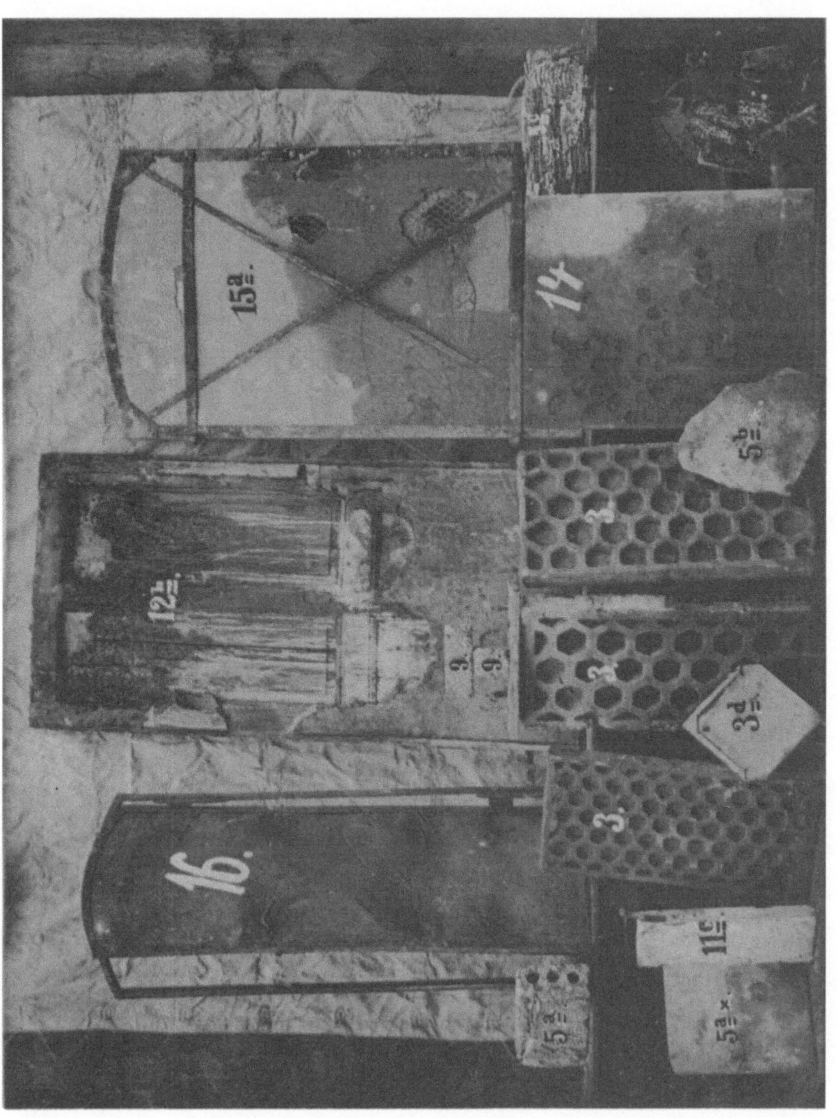

3d. Patent-Cement-Falzziegel.   5a*. Cementbeton-Fussboden.   5b. Fussboden.

Die Beschädigungen der Thür 15a wurden, behufs Erprobung des Materials, erst nach dem Brande durch Beilhiebe herbeigeführt,

Alle anderen Objecte blieben nach dem Brande unverändert.

Verlag von Julius Springer in Berlin N.

10. Kunstsandsteinstufe ohne Eiseneinlage. 10a. Desgl. mit Eiseneinlage.
xxx Theile der gesprungenen Granitstufen. 6c. Diese Thür verschloss den Raum J.
15b. Die Beschädigungen wurden nach dem Brande behufs Untersuchung
der Säulen herbeigeführt.

Verlag von Julius Springer in Berlin N.